室内可见光高速阵列通信关键技术

任嘉伟　著

中国原子能出版社

图书在版编目（CIP）数据

室内可见光高速阵列通信关键技术 / 任嘉伟著. --
北京：中国原子能出版社，2023.6

ISBN 978-7-5221-2773-6

Ⅰ. ①室… Ⅱ. ①任… Ⅲ. ①激光通信–研究 Ⅳ.
①TN929.1

中国国家版本馆 CIP 数据核字（2023）第 164380 号

室内可见光高速阵列通信关键技术

出版发行	中国原子能出版社（北京市海淀区阜成路 43 号　100048）	
责任编辑	张　磊	
责任印制	赵　明	
印　　刷	北京金港印刷有限公司	
经　　销	全国新华书店	
开　　本	787 mm×1092 mm　1/16	
印　　张	9.625	
字　　数	168 千字	
版　　次	2023 年 6 月第 1 版　2023 年 6 月第 1 次印刷	
书　　号	ISBN 978-7-5221-2773-6	定　价　**48.00** 元

网址：**http://www.aep.com.cn**　　　　E-mail：**atomep123@126.com**
发行电话：**010-68452845**　　　　　　版权所有　侵权必究

作者简介

任嘉伟，男，汉族，1985 年 1 月出生，籍贯为河南洛阳，河南省可见光通信重点实验室成员。2014 年毕业于第二炮兵工程大学兵器科学与技术专业，博士研究生学历。现就职于战略支援部队信息工程大学，讲师，主要从事可见光通信、光电脆弱性对抗等相关研究工作。主持军队级项目 2 项，先后在 *IEEE Communications Letters*、*Wireless Personal Communications* 等学术期刊上发表文章 10 余篇。

前　言

近年来，随着个人移动通信、无线互联网业务的快速发展，人们的通信需求呈爆炸式增长，高密度室内通信需求也增长旺盛。传统的无线射频通信受各种限制，难以在室内实现高速高密度无线传输。可见光通信具备通照一体、低功耗、泛在宽带、与现有电磁频段不重合等特性，是室内实现高速高密度通信的解决途径。在室内，常使用大规模光阵列实现可见光高密度阵列通信。其中，LED 发射器件的特性和光照约束，导致可见光通信阵列在应用中存在很多亟待解决的问题。同时，由于光定位和通信天然一体特性，需要设计室内通照定位一体化通信系统。

基于此，本书针对室内可见光阵列高速通信关键技术展开研究。全书基于对研究发展概况的阐读梳理，围绕室内可见光通信系统模型与通信容量、基于改进遗传算法的阵列可见光通信多用户信噪比优化、可见光阵列低峰均比叠加 LACO-OFDM 调制方法、室内可见光融合照明约束的亮度可调通信技术、基于阵列光强差和到达时差联合计算的可见光室内定位方法、室内可见光高速阵列通信实验系统进行详尽的分析研究。具体研究内容及结论包括六个方面。

第一，考虑照明约束的条件下，针对室内可见光信道的容量上下限的闭合表达式进行研究。考虑到照明和通信一体化系统的要求，可见光通信信号受到峰值和平均光强等约束条件，使用变分法等方法推导了容量下限和上限的闭合表达式。最后，通过数值仿真验证了本研究给出的上下限公式具有较好的紧性。

第二，针对室内大规模可见光阵列通信多用户信噪比优化问题，提出了一种基于改进遗传算法的室内阵列可见光通信多用户信噪比优化算法；提出了基于基因物理意义的最大信噪比贡献基因保留交叉和最小信噪比贡献基因消除变异方法来使种群基因向更有利的方向变异；提出了启发式基因初始化方法，来获得更好的初始种群。仿真结果表明，提出的优化算法具有更快的收敛速度，且可以获得更好的信噪比优化结果。

第三，针对 OFDM 高峰均比问题，提出了一种用于分层非对称限幅光正交频分复用的峰均比降低方法。该方法通过叠加一个经过设计的周期信号来产生叠加 LACO-OFDM 信号。选择周期信号的周期以确保其 FFT 结果落在 LACO-OFDM 信号未使用的子载波上。在叠加之后，SLACO-OFDM 信号的峰均功率比得到改善，且不引入任何额外干扰。可以由标准 LACO-OFDM 接收机使用典型的连续干扰消除方法进行直接处理。仿真结果表明，该方案比基于原始和离散 Hartley 变换的 LACO-OFDM 信号具有更好的降低峰均比性能。

第四，针对室内可见光照明约束需求和调光要求，提出了一种新型 HSLACO-OFDM。通过将 LACO-OFDM 和 NLACO-OFDM 号相结合，充分利用了 LED 整个动态范围，其中两个信号的比例可调，以达到所需的亮度。可以获得较宽的光照亮度可调范围和相对稳定的最高速率。仿真结果表明，该方案在频谱利用率上也比其他常用 OFDM 方案高。

第五，针对可见光室内强度直接检测、到达时间估计等定位方法单独使用性能受限的问题，研究了准同步可见光通信点定位系统中基于 LED 光强度和到达时间的定位方法；推导了相应位置估计问题的下界表达式；利用最大似然估计的渐近性质，提出了一种计算效率高的强度和到达时间联合定位方法；提出了一种基于强度差分检测的光强估计算法，有效地解决了 LED 照明波动引起的估计误差。实验结果表明，提出的联合定位方法获得的精度和稳定度优于单独使用强度直接检测和到达时间估计定位方法的结果。

第六，针对可见光室内通信系统工程化设计中的若干问题，综合运用本研究提出的各项技术，设计了通信、照明、定位一体化的室内可见光高速阵列通信实验系统；设计了基于球形曲面分布和半球形透镜的宽视角光学系统；提出了基于动态令牌环的可见光多用户组网和控制技术；设计了基于与均衡和后均衡的高速可见光模拟前端电路。实验表明，设计的系统可以实现宽视角动态高速通信和室内精确定位，具有良好的推广应用价值。

本书结构科学合理，内容丰富翔实，观点新颖独到，对可见光通信相关领域的研究工作具有一定参考价值，可作为有关专业科研学者和工作人员的参考用书。

笔者在本书的撰写过程中，参考引用了许多国内外学者的相关研究成果，也得到了许多专家和同行的帮助和支持，在此表示诚挚的感谢。由于笔者的专业领域和实验环境所限，加之笔者研究水平有限，本书难以做到全面系统，谬误之处在所难免，敬请同行和读者提出宝贵意见。

目　录

第1章
概　述

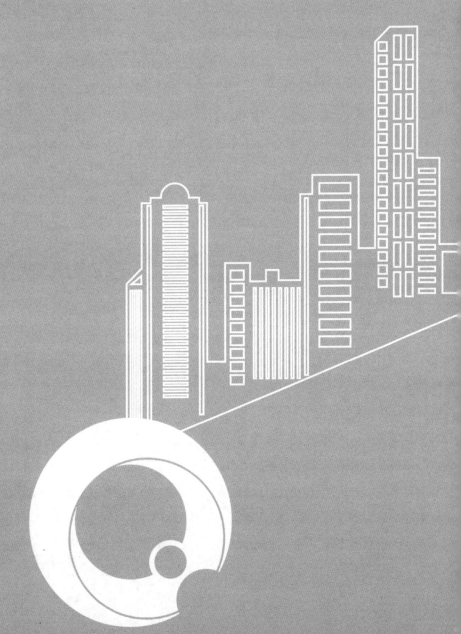

1.1 研究背景与意义

近年来，个人移动通信、无线互联网业务的快速发展使得人们的通信需求呈爆炸式增长。特别是随着我国城市化进程的加快，人口居住、活动密度增加，人们的室内高速通信需求增长尤其旺盛。而且在室内又出现了许多通信密度大、速率要求高的应用场景，如高铁站、机场、体育场等大型公众场所的室内都有随时随地高速上网的需求。传统的无线射频（radio frequency，RF）通信受各种限制，难以在室内实现高速高密度无线传输。尽管随着 RF通信技术的不断发展创新，其通信密度得到显著提升，但是日趋饱和的无线电频谱资源使得传统 RF 无线通信技术在应对室内高速高密度通信需求时依然显得力不从心[1]。随着移动通信技术的巨大进步，这种情况进一步加剧，因为物联网各种设备的快速部署对无线网络上的数据访问提出了巨大的需求。据预测，在未来，移动数据流量将呈指数级增长。这种不可抑制的数据需求耗尽了射频频谱，使其在不久的将来成为紧缺的资源之一，由于延迟的大幅增加，降低了服务的可靠性。因此，需要探索新的替代通信技术。

近年来，可见光通信（Visible Light Communication，VLC）凭借其卓越的通信性能在全球范围内获得了巨大的成功，该技术是基于在发光二极管（Light Emitting Diode，LED）等发光器件上使用经济高效、固态、可持续和节能的技术，同时实现照明和通信。为此，为了缓解射频频谱资源稀缺的问题，基于可见光的新型通信技术将毫无疑问地成为基于射频的无线通信的最有力的补充。

可见光通信的显著特点是，利用光而不是无线电信号作为媒介来传输数据。通常，该技术被称为短程光无线通信，其使用电磁光谱的可见光区域，波长范围为 380~780 nm，对应于 430~790 THz 的频率范围[2]。因此，这项技术被认为是对射频技术的一个有力的补充，因为它提供了巨大且免费许可的带宽频谱资源，以满足未来支持许多带宽集中的室内应用的需求，如流媒体音频、互联网上的高清晰度视频和多媒体服务等。

可见光通信系统主要使用 LED 发射器件，LED 有几个显著特点，如低功耗、长使用寿命、更平稳、高耐湿性和抗电磁干扰性，这些特点使得可见光通信能够与智能城市中的照明基础设施和车辆通信等许多应用相结合。LED能够应用于通信的最突出特性是，LED 能够以肉眼无法察觉的速度快速切换到不同的光强度，因此可见光通信可以实现高速数据传输。值得注意的是，由于光信号不能穿透墙壁或不透明物体，因此它可以确保高度可靠和安全的通信。此外，可见光通信还可以减少温室气体的排放，因为它不依赖额外的基础设施来实现高速数据传输。考虑到上述优点，电气与电子工程师协会标准工作组发布《利用可见光的短程无线光通信标准》（IEEE 802.15.7），其中详细介绍了调制方案、编码和与可见光通信有关的其他几个方面的问题。

纵观可见光通信研究的历史，首先利用白色 LED 进行无线连接的短距离光通信系统是在 2000 年左右开始进行的。日本学者首先对此进行了初步的探索，实现了在当时看来具有极高数据速率的通信系统。"可见光通信"一词由日本的可见光通信联盟（Visible Light Communication Consortium，VLCC）于2003 年 11 月首创，该联合体致力于研究、扩充和提出可见光通信标准，即可见光通信系统标准和可见光身份识别系统。随后，日本电子和信息技术产业协会（Japan Electronics and Information Technology Industries Association，JEITA）于 2007 年 6 月将上述标准作为《可见光通信系统》（JEITA CP-1221）和《可见光 ID 系统》（JEITA CP-1222）进行了公布。随后，在 2008 年 10 月，VLCC 开始与红外数据协会（Infrared Data Association，IrDA）和红外通信系统协会（Infrared Communication Systems Association，ICSA）合作。采用并扩展了 IrDA 物理层的 VLCC 规范标准于 2009 年发布。

同时，得到了欧洲社区支持的欧米伽项目（家庭千兆接入项目）中也开展了大量可见光通信的相关工作。该项目的研究报告中强调，可见光通信将具备提供未来所需的高数据速率通信的潜力。为了进一步提高可见光通信的标准化水平，2011 年，IEEE 为可见光通信制定了《利用可见光的短程无线光通信标准》（IEEE 802.15.7），该标准提供了与链路层和物理层相关的所有信息。

可见光通信采用 LED 来同时支持照明和通信。因此，流行的 LED 照明框架可以用作可见光室内接入的无线接入点，为众多室内移动用户终端提供无处不在的数据传输支持。该技术的主要目标是通过多载波调制格式，如正交频分复用（Orthogonal Frequency Division Multiplexing，OFDM）、无载波采样和相位调制（Carrier-less Amplitude and Phase Modulation，CAP）、多频带 CAP（multi-band CAP，m-CAP）、多输入多输出（Multiple Input Multiple Output，MIMO）[3]通信等实现高速稳定的室内可见光通信。

在室内场景，由于照明均匀性的要求，一般房间里有大量的照明灯具，每个灯具也由多个 LED 组成。因此，室内可见光通信系统自然构成大规模阵列 MIMO 系统[4]。阵列 MIMO 系统可以在不增加系统带宽的情况下，通过空间复用和编码技术实现信道容量和频谱效率的增高，在可见光通信应用中具有重要的研究价值[5]。近年来，尽管经过世界各国科研人员的共同努力，室内可见光阵列通信技术取得了长足的进步。但是，可见光高密度阵列通信中依然存在很多尚未解决的问题。

由于可见光 LED 发射器件的特性，可见光通信的调制方式一般使用直接强度调制和检测。并且受 LED 特性的限制，首先是可见光通信将信息调制在光强上，而光强很明显为非负的实数，不能直接发送负信号或复信号；其次是 LED 发光存在阈值，光信号强度必须满足在 LED 发光范围之内，不能超过上阈值，也不能小于下阈值，否则将被双边限幅[6]；最后是照明对光照具有硬性的限制，特别是对 LED 峰值光强度、光照均匀度、闪烁等要求较严，为了保护人眼，可见光通信传输数据时，其发射信号必须满足照明的需求，对光强度变化、光峰值强度等参数进行约束限制[7]。当前，关于可见光信道容量的分析多数没有考虑这些方面的限制，其获得的上下界非常宽松，对实际通信系统的设计指导意义不大。

在室内照明环境中，为了满足上述照明标准要求，一般使用多了 LED 灯具进行分布式照明，每个 LED 灯具中可能有数十个到数百个 LED 灯珠，这些组成了大规模的 LED 照明阵列，同时，在可见光通信中，也可以使用这种 LED 照明阵列来进行高速通信。在这种情况下，与传统 MIMO 相同，不同的发射灯与某个接收端的距离是不相同的，因此其信号到达时间也不相同，这些延时不同的信号在接收端的接收器件上叠加后，将引起码间串扰，导致接收信号的信噪比恶化[8]。

照明 LED 应用于室内可见光通信时，由于其不是为通信而设计的，因此其通信带宽和功率都受到限制。在室内可见光通信阵列中，通常使用强度调制与直接检测（Intensity Modulated Direct Detection，IM/DD）相结合的方式来进行信号调制和收发[9]。这种调制方式十分简单，但是频谱效率较低。为了提高频谱效率，无线电通信中常用的 OFDM 调制方式被引入室内可见光通信，以实现千兆以上的无线可见光通信[10]。然而，由于 LED 的特性，可见光通信中使用的 OFDM 信号必须被限制为实值和非负信号，因此其频谱效率和功率效率受限[11]。

如前所述，室内可见光通信系统一般同时提供通信和照明服务。根据《利用可见光的短程无线光通信标准》（IEEE 802.15.7）要求，闪烁抑制和亮度控制（也称为调光控制）是室内可见光通信系统的两个必然要求。因此，设计能够进行调光控制的室内可见光信号调制方式势在必行[7]。传统的光 OFDM 方案主要集中在提高数据传输速率上，不能有效地支持调光控制。因此，需设计适应通信和照明一体应用的光 OFDM 调制方案。

LED 照明和可见光通信系统的广泛使用激发了越来越多的可见光定位系统，其中 LED 传输的通信信号同时用于位置估计[12]。基于 LED 的室内定位是一种很有前途的定位方法，因为它可以通过安装几个 LED 以低廉的成本提供高度准确的室内位置信息，这有利于多种室内应用，如工业互联网控制等[13]。当前，室内可见光通信系统附加定位功能，实现通信，定位一体化系统已成为可见光室内应用的必然趋势。与基于射频的通信和定位系统类似，可见光通信系统利用各种参数，如可见光到达时间（Time of Arrival，TOA）、到达时差（Time Difference of Arrival，TDOA）、接收信号强度（Received Signal Strength，RSS）和/或到达角（Angle of Arrival，AOA）来提取目标物体（即可见光通信接收端）的位置。AOA 技术可以实现非常好的估计精度，但需要在接收端部署一组昂贵的图像传感器。由于室内光传播时存在反射、遮挡等复杂光传播路径，因此单纯使用 RSS 定位难以取得良好的效果，特别是在室内靠近墙角、家具等位置的区域。在室内定位中，由于 LED 到接收机之间的距离都比较近，受系统定时精度的影响，信号从 LED 到接收机的传播时间很难精确获得，因此 TOA 技术单独应用时，效果也较差，因为它需要发射机和接收机之间的精确同步[14]。TDOA 因其不需要收发之间同步，比较适合运用于可见光通信系统中。但是单独使用 TDOA 方法，由于收发之间存在时间差，其位置估计算法较为复杂。

1.2　研究现状

针对上述问题，相关学者也进行了大量的研究工作，主要包括以下方面。

针对信道容量问题，有几项工作分析了自由空间光通信（Free Space Optical，FSO）的容量，但由于室内可见光的一些独特特性，这些针对 FSO 信道的理论结果不能直接应用于室内可见光通信系统。首先，室内可见光通信系统可以同时提供通信和照明，但 FSO 通信仅用于通信。其次，由于室内照明要求，可见光中的光亮度不会随时间波动，但可以根据调光要求进行调整。因此，室内可见光通信中的平均光学强度被限制为等于用户定义的亮度目标。然而，在 FSO 通信中，平均光强度必须小于特定的安全水平，以避免眼睛和皮肤受伤。换句话说，较低的平均光强度通常是 FSO 通信的首选。而且，由于 LED 的发光能力有限，可见光中的峰值光强度应小于允许的阈值。因此，在实际 VLC 系统中，必须考虑光学强度的平均和峰值约束。此外，室内可见光通信中的高斯噪声通常被认为与输入信号无关。当环境光或热噪声较大时，这种假设是合理的。然而，室内可见光通信中的典型照明环境会导致较大的信噪比（Signal-to-Noise Ratio，SNR）。在高信噪比条件下，这种与信号噪声无关的假设忽略了一个基本问题：因为室内可见光通信中的 LED 可以随机辐射光子，噪声值取决于输入信号，这表明室内 VLC 也应考虑与信号相关的噪声。然而，在计算 VLC 的信道容量时，输入约束和信号相关噪声带来了巨大的挑战。

近年来，室内可见光通信的容量分析引起了人们的广泛关注。Ahn 与 Kwon[15]分析了 VLC 的容量，但未推导出容量表达式。Wang 等人[16]对于具有非负性和平均光学强度约束的室内 VLC，获得了严格的容量界限。通过额外的峰值光强度约束，进一步研究了 VLC 的容量。Wang 等人[17]还研究了使用脉冲幅度调制和 OFDM 的室内可见光通信的容量，他们发现在大多数情况下，假设高斯噪声与信号无关。Moser[18]和 Soltani[19]等人通过考虑 FSO 通信的信号依赖噪声，获得了信道容量、保密容量和预编码方案。对于具有信号相关噪声的 VLC，Ma 等人[20]研究了有效调制方案和收发器设计方法。然而，上述研究均没有提供光照明相关约束对容量性能的影响。

针对室内大规模 LED 阵列通信条件下的多用户信噪比优化问题，人们提出了很多方案。Halder 与 Barman[9]、Ding 等人[21]、Noshad 与 Brandt-Pearce[22]均提出了不同的改进调制算法并设计了新型的接收机。然而，这些方法都是利用所有 LED 灯珠进行通信，没有考虑发射灯与接收机之间的不同延时造成的码间串扰[23]。Komine 与 Nakagawa[1]、Wang 等人[23]经过深入研究多径和阵列延迟，提出了在可见光室内通信中，产生码间串扰的主要原因是不同 LED 灯珠直射支路之间的路径延迟差异。Ding 等人[21]、Wang 等人[23]提出了 LED 灯珠动态布局算法，研究集中于提升接收信号能量，接收到的码间串扰被认为是多径效应产生的。Sharma 等人[6]、Liu 等人[24]提出了基于遗传算法的通信 LED 灯珠选择算法，通过选择某些特定的 LED 灯珠作为通信阵元来实现码间串扰和信噪比的最优化。然而，这些遗传算法都是使用一般的随机基因选择和变换。路径延迟差异等基因的实际意义并没有在基因变换中被利用，导致其遗传算法的收敛速度较慢，容易陷入局部最优解。

在 OFDM 信号生成过程中，可以使用厄米对称来生成实值信号，然后将直流分量叠加到信号上使其为正，该方案被称为直流偏置 OFDM（DC-biased optical OFDM，DCO-OFDM）。然而，DCO-OFDM 使用了较大的直流偏置，因此这种调制方式的功率效率不高。于是，相关学者提出了一种能量效率更高的非对称限幅光 OFDM（Asymmetrically Clipped Optical OFDM，ACO-OFDM）。在 ACO-OFDM 中，需要传输的数据都调制在奇数子载波上，因此频谱效率只有 DCO-OFDM 的一半[25]。为了追求最大化频率利用率的同时尽量提高功率效率，Zhang 等人[26]又提出了分层 ACO-OFDM（Layered ACO-OFDM，LACO-OFDM）方法，该方法在不同层同时传输多个 ACO-OFDM 信号。然而，考虑到严重的 LED 非线性限幅失真，对于包括 LACO-OFDM 系统在内的所有类型的可见光 OFDM 系统而言，高峰值平均功率比（Peak-to-Average Power Ratio，PAPR）是 OFDM 调制方式主要的性能限制因素之一，这种问题在双限幅的可见光通信中尤其严重[27]。此外，LACO-OFDM 的分层特性导致信号具有不同于单层信号的统计特性。因此，其他类型的 OFDM 峰均比优化方法大多数并不适用于 LACO-OFDM[28-30]。目前明确可应用于 LACO-OFDM 并进行了性能分析的降低峰均比的设计主要包括符号注入和数字削波。在符号注入类方法中，通过增加一部分辅助符号来增加星座大小，可以创建额外的自由度以形成具有降低峰均比的信号。数字削波则简单地对信号使用预定的最大允许电平来进行限幅，以确保信号幅度在线性范围内。然而，该方法会引起非线性失真并降低误码率[31]。Zhou 等人[32]、Zhang 等人[33]都曾针对 LACO-OFDM 提出了一种基于离散 Hartley 变换（Discrete Hartley Transform，DHT）的分层/增强非对称限幅光单载波频分复用（L/E-ACO-OFDM），以获得较低的峰均比[34]。L/E-ACO-OFDM 信号不受 LED 非线性的影响，但需要改变变换算法并使用经过专门设计的收发器的结构。因此，与符号注入一样，基于 DHT 的方法与现有的标准 LACO-OFDM 接收机系统不兼容。

在 OFDM 调光设计方面，DCO-OFDM 要求使用直流偏压来将信号在时域中变为单极性。为了控制 DCO-OFDM 中的亮度水平，直流偏压水平会发生变化，这可能导致限幅[30]。与 DCO-OFDM 相比，ACO-OFDM 具有更高的光功率效率，但 50%的频谱效率较低[35]。PAM-DMT（Pulse Amplitude Modulated-Discrete Multitone，脉冲幅度调制-离散多音频）信号本质上是单极性的，但它没有调光的能力。ADO-OFDM（Asymmetrically Clipped DC-biased Optical OFDM，非对称削波直流偏置光 OFDM）是一种混合 OFDM 形式，在奇数索引子载波上使用 ACO-OFDM，在偶数索引子载波上使用 DCO-OFDM，奇数索引和偶数索引子载波分别表示为奇数和偶数子载波。另一种称为 HACO-OFDM（Hybrid Asymmetrically Clipped Optical OFDM，混合非对称限幅光 OFDM）的混合 OFDM 在奇数子载波上使用 ACO-OFDM 数据，在偶数子载波的虚部上使用 PAM-DMT 数据。此外，AHO-OFDM（Asymmetrical Hybrid Optical OFDM，非对称混合光 OFDM）在奇数子载波和偶数子载波上分别使用 ACO-OFDM 和反向 PAM-DMT。DCO-OFDM、ADO-OFDM 和 HACO-OFDM 的调光控制通过改变直流偏置电平获得，但它们的调光范围都较窄。AHO-OFDM 信号本质上是不对称的，具有固有的调光控制能力。AHO-OFDM 也是直流偏置的，与 DCO-OFDM 不同，调整此直流偏置可提供高和低照明水平，使其适合室内可见光传输系统。尽管 AHO-OFDM 在调光控制方面表现出色，但其功率效率和误码率性能较差。为了在保持较宽调光范围的同时提高误码率性能，必须探索新的调制方案。

针对室内可见光定位相关问题，在常见的准同步可见光定位系统中，LED 灯之间是同步的，但与 VLC 接收机是异步的。异步可见光定位系统有助于实现低复杂性。准同步系统只需要在 LED 发射机之间进行同步，这可以在安装 LED 基础设施期间通过布线相对容易地实现。在同步可见光定位系统中，可根据 TOA 参数与接收信号飞行时间的关系，从 TOA 参数中提取位置相关信息[12,36,37]。Wang 等人[36]利用接收信号的时延参数在同步可见光定位系统中进行距离估计，并针对各种系统参数研究了相应的 Cram'er-Rao 下限（Cramér-Rao lower bound，CRLB）。Keskin 等人[37]针对存在先验信息的同步可见光定位系统推导了距离估计的 Ziv-Zakai 界（Ziv-Zakai bound，ZZB）。此外，Keskin 等人[38]还研究了同时使用 TOA 和 RSS 信息的同步可见光定位系统。这项研究不仅包括一个理论框架，它还为一般三维场景中的位置估计提供了一个 CRLB 表达式，而且还包括提取可见光通信系统接收机位置的直接和两步估计算法，结果表明，其精度高达高信噪比的理论极限。

在准同步可见光定位系统中，来自一组 LED 的发射信号的相对行程时间信息（即 TDOA）可由可见光通信接收器利用，因为 LED 在自身之间是同步的。许多学者的各种研究经常利用 TDOA 参数进行位置估计[39,40]。Jung 等人[39]的工作重点是基于 LED 的定位系统，其中可见光通信接收机通过时差测量以厘米级精度定位。Naeem 等人[40]研究了基于 TDOA 测量的位置估计的理论精度限制。Du 等人[41]在最近的一项研究中提出了一种在硬件上实现的实用低复杂性准同步可见光定位系统，并报告定位精度为 9.2 cm。虽然目前已有准同步系统的实用定位算法，但现有文献中尚未研究此类系统的理论极限和最优估计。此外，对于准同步定位系统，未考虑联合利用 TDOA 和 RSS 信息。尽管有一些学者，如 Ghannouchi 等人[42]论述了在基于射频的定位系统中同时使用 TDOA 和 RSS 参数的混合定位方案，但是这些方法在可见光系统中应用时需要新的估计公式和分析，因为光学系统中的信道特性与射频系统中的信道特性明显不同。并且，实际中 RSS 定位的性能受到 LED 光源功率波动的影响，如果不进行修正，TDOA 和 RSS 混合定位后的结果较差。

1.3 研究内容与主要创新点

针对上述问题，本书首先研究考虑照明约束条件下的信道容量问题，在此基础上，研究多阵列 LED 光源布置问题。在信号层面，首先研究多层 OFDM 用于提高频谱效率，在此基础上，研究可调亮度的多层 OFDM 调制方案。针对室内定位需求，首先研究可见光高精度室内定位技术，在此基础上，研究综合上述技术的系统工程实现等各项问题。

本书的主要创新点如下。

第一，考虑照明约束的条件下，针对室内可见光信道的容量问题，使用变分法推导了容量上下限的闭合表达式。推导过程引入了实际系统中的各项约束条件，因此其上下界较紧。

第二，针对室内大规模可见光阵列通信多用户信噪比优化问题，提出了一种室内阵列可见光通信多用户信噪比优化算法；提出了基于基因物理意义的最大信噪比贡献基因保留交叉和最小信噪比贡献基因消除变异方法来使种群基因向更有利的方向变异；并提出了启发式基因初始化方法，该方法具有更快的收敛速度，且可以获得更好的信噪比优化结果。

第三，针对 OFDM 高峰均比问题，提出了通过叠加一个经过设计的周期信号来产生叠加 LACO-OFDM（Superimposed LACO-OFDM，SLACO-OFDM）信号。使峰均功率比得到改善，但是不引入任何额外干扰。该方法可以使用典型的连续干扰消除方法进行直接处理，比基于原始和离散 Hartley 变换的 LACO-OFDM 信号具有更好的降低峰均比性能。

第四，针对可见光通信的照明需求和调光要求，提出了一种新型 HSLACO-OFDM（Hybrid SLACO-OFDM）信号。通过将 LACO-OFDM 和 NLACO-OFDM（Negative LACO-OFDM）信号相结合，充分利用了 LED 整个动态范围，且亮度可调。在频谱利用率上比其他常用 OFDM 方案高，因此可以实现通信和调光一体化设计。

第五，针对室内可见光通信定位要求，提出了一种基于强度差分检测和到达时间差联合检测的定位算法，可以实现更高精度的定位。联合定位方法获得的精度和稳定度优于单独使用 RSS 和 TDOA 定位方法的结果。

第六，综合运用本书提出的各项技术，研制室内可见光高速阵列通信实验系统。设计了基于球形曲面分布和半球形透镜的宽视角光学系统；提出了基于动态令牌环的可见光多用户组网和控制技术；设计了基于与均衡和后均衡的高速可见光模拟前端电路；解决了系统工程化设计中的重要问题。

第 2 章
室内可见光通信系统模型与
通信容量分析

2.1　本章引言

针对室内可见光照明约束条件下的信道容量问题,本章研究了室内可见光的容量边界。考虑到可见光通信信号受到峰值和平均光强等约束条件,用变分法推导了最优输入概率密度函数。利用对偶表达式信道容量上界的数值结果,验证了导出边界的准确性。通过消除峰值光强约束,进一步分析了室内可见光通信的容量界限,并导出了容量下限和上限的闭合表达式。渐近分析表明,容量下限和上限之间的渐近性能差距接近于零。最后,利用数值结果对所有导出的容量边界进行验证,验证了本研究推导的容量上下界的紧性。

2.2　可见光室内阵列通信模型

2.2.1　信道模型

如图 2-1 所示,我们考虑了一个由发光阵列和若干接收机组成的室内可见光通信系统。光信号通过可见光通道传播,在接收机处,利用光电二极管(Photo Diodes,PD)将光信号转换为电信号。

在系统中,考虑了接收器处的热噪声、散粒噪声和放大器噪声。具体地说,热噪声和放大器噪声都是独立的信号,并假定遵循高斯分布。散粒噪声也可以建模为高斯分布,但其强度取决于输入信号。因此,接收机侧的接收信号被建模为[43]

$$I_t(\theta) = I_{t0}\cos^m\theta \qquad (2\text{-}1)$$

其中,I_{t0} 表示光源的辐射光强;$m = -\ln 2 / \ln(\cos\theta_{1/2})$,表示光信号的调

制阶数；$\theta_{1/2}$ 表示 LED 的半功率角；θ 表示 LED 的发光角度。

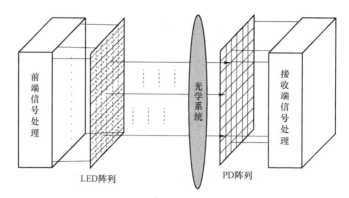

图 2-1 室内 MIMO 可见光通信系统示意图

2.2.2 场景假设

假设该室内可见光通信系统中存在 N_t 个 LED 和 N_r 个装有 PD 的接收机。则接收信号向量 $\boldsymbol{y}$ 表示为[20]

$$\boldsymbol{y} = \boldsymbol{Hx} + \boldsymbol{n} \tag{2-2}$$

其中，$\boldsymbol{n} \sim N_{\mathrm{R}}(\boldsymbol{0}, \sigma^2 \boldsymbol{I}_{N_r})$ 是 $N_r \times 1$ 维的实数域的加性高斯白噪声（AWGN）。不失一般性，假设 $N_t \leqslant N_r$。

此处给出以下两个假设。

1. 发送端已知信道矩阵 H

此时室内 MIMO 可见光通信系统的信号处理流程如图 2-2 所示。对于室内光通信，存在反馈信道，因此可以使用多种方法对信道进行估计。本研究假设发送端已知信道矩阵 $\boldsymbol{H}$。

噪声 N 的表达式为

$$N = \gamma Z_1 + Z_0 \tag{2-3}$$

其中，$Z_0 \sim N_{\mathrm{R}}(0, \sigma^2)$ 表示热噪声和背景光引起的散粒噪声；噪声项 $Z_1 \sim N_{\mathrm{R}}(0, \varsigma^2 \sigma^2)$ 表示与 LED 阵列之间信号交叉干扰产生的交叉噪声；γ 表示其他 LED 对此 PD 产生的信号干扰强度；ς^2 表示噪声 Z_1 与 Z_0 的方差比值。

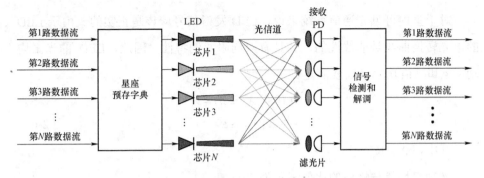

图 2-2　室内 MIMO 可见光通信系统信号处理流程图

2. 信道增益 $\underline{h}$

此处假设室内可见光信道为单径视距传输，对应的信道增益 $\underline{h}$ 建模为

$$\underline{h} = \begin{cases} \dfrac{S_r(m+1)}{2\pi D^2}\cos^m(\phi)\cos(\phi), & 0 \leqslant \varphi \leqslant \Psi_c \\ 0, & \varphi > \Psi_c \end{cases} \tag{2-4}$$

其中，ϕ 表示 LED 光源的发射角；φ 表示接收机光电感应器的入射角；S_r 表示接收机光电感应器的接收面积；D 表示收发双方的欧氏距离。

室内 MIMO 可见光通信系统的模型如图 2-3 所示。其中，$\Phi_{1/2}$ 为 LED 的半功率角；l 表示收发两端的垂直距离；d 表示接收器与通信区域 R 中心的距离。

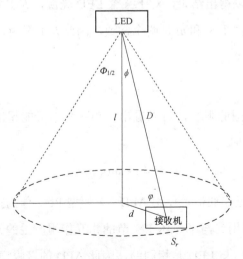

图 2-3　室内 MIMO 可见光通信系统模型

对于室内可见光通信系统来说，LED 发射信号应该是正实的。由于 LED 的电光转换曲线是非线性的，且具有双向限幅的特性，因此，LED 的光平均功率 ε 和峰值功率 A 需要满足如下约束

$$\Pr(0 \leqslant X \leqslant A) = 1 \tag{2-5}$$

$$E[X] \leqslant \varepsilon \tag{2-6}$$

其中，$X \in \mathrm{R}_0^+$。

光功率均值与峰值的比值表示为

$$\alpha \triangleq \frac{\varepsilon}{A}, \ 0 < \alpha \leqslant 1 \tag{2-7}$$

则信道条件概率分布密度函数为

$$W(y \mid x) = \frac{1}{\sqrt{2\pi\sigma^2(1+\varsigma^2\gamma^2)}} \mathrm{e}^{\frac{-(y-hx)^2}{\sigma^2(1+\varsigma^2\gamma^2)}}, \ y \in \mathrm{R}, \ x \in \mathrm{R}_0^+ \tag{2-8}$$

不失一般性，不妨假设 $\phi = \varphi$，则 $\cos(\phi) = \cos(\varphi) = \dfrac{l}{D}$。那么信道增益 $\underline{h}$ 又可表示为

$$\underline{h} = \frac{S_r(m+1)l^{(m+1)}}{2\pi(l^2+d^2)^{(m+3)/2}} \tag{2-9}$$

从该表达式可以得出结论，对于某个 LED 光源，$\underline{h}$ 主要取决于收发之间的几何位置关系，由于 S_r 和 m 是两个常数，因此 $\underline{h}$ 主要由 l 和 d 来决定。

参数 d 的表达式为

$$d^2 = x^2 + y^2 \tag{2-10}$$

由于光覆盖范围的限制，可以看出，距离 d 不可能超出可见光通信的覆盖范围半径 M，此时

$$M \triangleq l \cdot \tan \Phi_{1/2} \tag{2-11}$$

当前，室内可见光通信多使用 APD（雪崩型 PD）作为接收端的光电探测器，APD 主要是利用光与半导体 PN 节的相互作用产生的光电效应来实现光到电的转换，其本质与 LED 是相同的，因此 APD 的接收模型也是朗伯模型

$$I_r(\phi) = I_{r0} \cos^k \phi \tag{2-12}$$

在考虑接收模型时，要注意中心接收强度与 LED 的发光角 θ 有相关性。也就是说 $I_{r0} = I_t$，此时

$$I_r(\theta,\phi) = I_{t0} \cos^m \theta \cos^k \phi \tag{2-13}$$

$$k = -\ln 2 / \ln(\cos\phi_{1/2}) \tag{2-14}$$

其中，ϕ 表示 LED 发射的光线到 APD 的入射角；k 表示 APD 的视场角系数；$\phi_{1/2}$ 表示 APD 的接收半功率角。

当使用多个 APD 组成阵列进行接收时，第 i 个接收阵元接收到的光强度表示为

$$
\begin{aligned}
P_{ri} &= I_{ri} \cdot T(\phi_{ij}) \cdot g(\phi_{ij}) \cdot \Omega \\
&= I_{t0j} \cos^m \theta_{ij} \cos^k \phi_{ij} \cdot T(\phi_{ij}) \cdot g(\phi_{ij}) \cdot \frac{S}{d_{ij}^2} \\
&= P_{tj} \frac{(m+1)S}{2\pi d_{ij}^2} T(\phi_{ij}) g(\phi_{ij}) \cos^m \theta_{ij} \cos^k \phi_{ij}
\end{aligned}
\tag{2-15}
$$

其中，Ω 为接收立体角；S 表示 APD 的有效面积；d_{ij} 表示阵列中某个 LED 到此 APD 的光线传输距离；P_{tj} 表示第 j 个 LED 的发射光功率；$T(\phi_{ij})$ 表示滤光器增益；$g(\phi_{ij})$ 表示透镜增益。

透镜增益大小取决于接收端视场角 ψ_c 和透镜折射率 n，即

$$
g(\phi_{ij}) = \begin{cases} \dfrac{n^2}{\sin^2 \psi_c}, & 0 \leqslant \phi_{ij} \leqslant \psi_c \\ 0, & \text{else} \end{cases}
\tag{2-16}
$$

2.2.3　室内可见光条件约束

在室内可见光通信系统中，光强 I 应考虑以下三个约束。

1. 非负性

对于室内可见光通信系统，光强度通常用于传输信息。因此，传输信号 I 必须是非负的，即

$$X \geqslant 0 \tag{2-17}$$

2. 峰值光强度约束

对于实际的室内可见光通信系统，峰值光强度受 LED 发光能力的约束。这意味着 I 不能超过 LED 的峰值光强度 A，即

$$X \leqslant A \qquad (2\text{-}18)$$

3. 平均光强度约束

根据《利用可见光的短程无线光通信标准》（IEEE 802.15.7）中的照明要求，室内环境中的平均光强度不随时间变化，但可根据调光要求进行调整，即

$$E_X(I) = \int_0^A x f_I(x)\,\mathrm{d}x = \xi P \qquad (2\text{-}19)$$

其中，P 是 LED 的标称光强度；$\xi \in [0,1]$ 是调光目标。定义平均峰值光强度比（APR）为

$$\alpha \triangleq \xi P / A \qquad (2\text{-}20)$$

对于同时具有平均和峰值光强度约束的场景，我们有 $0 < \alpha \leqslant 1$，对于这种情况，很难找到精确的容量表达式[19]。因此，本研究将研究容量的严格上下限。

2.3　室内可见光通信信道容量分析

2.3.1　室内可见光通信点对点信道容量

在计算点对点通信容量时，首先假设输入信号分布 $T(\bullet)$，此时容量下限公式为

$$C = \sup_{T(\bullet)} I(T,W) \geqslant h(Y) - h(Y\,|\,X)\,\big|_{T(\bullet)} \qquad (2\text{-}21)$$

其中，$I(T,W)$ 表示互信息，且 $I(T,W) \triangleq I(X;Y)$。

下面，提出一种近似获得 $h(Y)$ 的通用方法。经过推导可知

$$h(Y) \geqslant h(X) + \ln \underline{h} - f(\varepsilon) \qquad (2\text{-}22)$$

其中，$f(\varepsilon) = \ln\left[1 - 2Q\left(\dfrac{h\varepsilon}{\sigma}\right)\right]$。

对于室内 LED 照明条件，条件概率分布函数可表示为

$$W(y\,|\,x) = \frac{1}{\sqrt{2\pi\,\sigma^2(1 + \varsigma^2\gamma^2)}}\,e^{\frac{-(y - hx)^2}{\sigma^2(1 + \varsigma^2\gamma^2)}},\ y \in \mathrm{R}, x \in \mathrm{R}_0^+ \tag{2-23}$$

考虑照明条件时，可见光信号分布 $T(\bullet)$ 不可能大范围剧烈变化，其均值较稳定。因此，可考虑采用均匀分布 $T_u(\bullet)$ 来近似，假设，$\mathrm{E}[T_u(\bullet)] = v$，此时 $A = 2v$。则概率分布为

$$\begin{aligned}
(T_u W)(y) &= \int_0^{2v} W(y\,|\,x)T_u(x)\mathrm{d}x \\
&= \int_0^{2v} \frac{1}{2v\sqrt{2\pi\varGamma^2}}\,e^{-\frac{(y - hx)^2}{2\varGamma^2}}\,\mathrm{d}x \\
&= \frac{1}{2v\underline{h}}\int_{\frac{y - hA}{\varGamma}}^{\frac{y}{\varGamma}} \frac{1}{\sqrt{2\pi}}\,e^{\frac{w^2}{2}}\,\mathrm{d}w \\
&= \frac{1}{2v\underline{h}}\left[1 - Q\left(\frac{2hv - y}{\varGamma}\right) - Q\left(\frac{y}{\varGamma}\right)\right]
\end{aligned} \tag{2-24}$$

其中，$Q(\xi) = \int_\xi^\infty \phi(t)\,\mathrm{d}t$；$\phi(t) = \dfrac{1}{\sqrt{2\pi}}\,e^{\frac{t^2}{2}}$；令 $w \triangleq \dfrac{y - hx}{\varGamma}$。由于 $Y \sim N_\mathrm{R}(\underline{h}x, \varGamma^2)$，则有 $w \sim N_\mathrm{R}(0, 1)$

$$\int_{K_1}^{K_2} \frac{1}{\sqrt{2\pi}}\,e^{\frac{w^2}{2}}\,\mathrm{d}w = 1 - Q(-K_1) - Q(K_2) \tag{2-25}$$

对该式进行熵值处理，可得

$$D(T\,\|\,T_u) \geqslant D[(TW)\,\|\,(T_u W)] \tag{2-26}$$

根据相对熵，不等式左侧的项可以表示为

$$D(T\,\|\,T_u) = -h_T(X) + \ln(2v) \tag{2-27}$$

则不等式右侧的项则表示为

$$\begin{aligned}
D[(TW)\,\|\,(T_u W)] &= -h_{TW}(Y) - \mathrm{E}[\ln(T_u W)(y)] \\
&= -h_{TW}(Y) + \ln(2v\underline{h}) - \mathrm{E}_{(TW)}\left[1 - Q\left(\frac{2hv - y}{\sigma}\right) - Q\left(\frac{y}{\sigma}\right)\right]
\end{aligned} \tag{2-28}$$

对函数 $g(\xi)=1-Q(\xi)-Q(\gamma-\xi)$ 针对 ε 进行微分，得到

$$g'(\xi)=\phi(-\xi)-\phi(\gamma-\xi) \tag{2-29}$$

令 $g'\left(\dfrac{\gamma}{2}\right)=0$，则有

$$\begin{cases} g'(\xi)>0, & \xi<\dfrac{\gamma}{2} \\[2mm] g'(\xi)<0, & \xi>\dfrac{\gamma}{2} \end{cases} \tag{2-30}$$

可以看出，函数 $g(\xi)$ 在 $\xi\in[0,\gamma]$ 上是凸的，在点 $\xi=\dfrac{\gamma}{2}$ 处取得最大值。则式（2-28）可以重新写为

$$D\left[(TW)\|(T_uW)\right]\geqslant -h_{TW}(Y)+\ln(2v\underline{h})-\ln\left[1-2Q\left(\dfrac{hv}{\sigma}\right)\right] \tag{2-31}$$

由于 LED 的双限幅效应，峰均比 α 对通信容量的影响较大，因此有必要对 α 进行定界分类分析：

当 $\alpha\in(0,0.5)$，在此条件下，均值功率和峰值功率都将影响信道容量。

当 $\alpha\in[0.5,1]$，在此条件下，高信噪比中，均峰比不影响信道容量，低信噪比条件下，均值功率和峰值功率都将影响信道容量。

当 $\alpha\ll1$，在此条件下，由于峰均比较小，只有平均功率影响信道容量。

当 $\alpha\in(0,0.5)$，点对点容量下限为

$$C(A,\alpha,d)\geqslant \ln\dfrac{A(1-e^{-\mu^*})S_r(m+1)l^{m+1}}{\mu^*\Gamma\sqrt{e(2\pi)^3}(l^2+d^2)^{(m+3)/2}}+\alpha\mu^*-f(\alpha A) \tag{2-32}$$

其中，$\Gamma\triangleq\sigma\sqrt{(1+\varsigma^2\gamma^2)}$，$\mu^*$ 是 $\alpha=\dfrac{1}{\mu^*}-\dfrac{e^{-\mu^*}}{1-e^{-\mu^*}}$ 的最优解。

对于 $\alpha\in[0.5,1]$，点对点容量下限为

$$C(A,d)\geqslant \ln\dfrac{AS_r(m+1)l^{m+1}}{\Gamma\sqrt{e(2\pi)^3}(l^2+d^2)^{(m+3)/2}}-f\left(\dfrac{A}{2}\right) \tag{2-33}$$

对于 $\alpha\ll1$，点对点容量下限为

$$C(\varepsilon,d)\geqslant \ln\dfrac{\varepsilon S_r(m+1)l^{m+1}}{\Gamma(l^2+d^2)^{(m+3)/2}}\sqrt{\dfrac{e}{(2\pi)^3}}-f(\varepsilon) \tag{2-34}$$

将 $C = \sup\limits_{T(\cdot)} I(T,W) \geqslant h(Y) - h(Y|X)\big|_{T(\cdot)}$ 和结合起来，则有

$$C = \sup\limits_{T(\cdot)} I(T,W) \geqslant h(X) + \ln(\underline{h}) - f(v) - h(Y|X) \tag{2-35}$$

根据连续函数差熵的定义公式，可得

$$
\begin{aligned}
h(Y|X) &= \int_{-\infty}^{+\infty} W(y|x)(\ln\sqrt{2\pi\sigma^2})\mathrm{d}y + \int_{-\infty}^{+\infty} \frac{W(y|x)x^2}{2\pi\sigma^2}\mathrm{d}y \\
&= \frac{\ln 2\pi\mathrm{e}\sigma^2}{2}
\end{aligned} \tag{2-36}
$$

在这种情况下，容量下限的优化模型为

$$\max\limits_{T(x)} h(x) = -\int_0^{+\infty} T(x)\ln T(x)\mathrm{d}x \tag{2-37}$$

该优化问题的约束条件为

$$\int_0^A T(x)\mathrm{d}x = 1, \quad \int_0^A xT(x)\mathrm{d}x = \varepsilon \tag{2-38}$$

此优化问题可以通过拉格朗日乘子法解决。对于 $\alpha \in (0, 0.5)$，最优解为
$T_1(x) = \frac{1}{A} \cdot \frac{\mu^*}{1-\mathrm{e}^{-\mu^*}} \mathrm{e}^{\frac{\mu^* x}{A}}$，$0 \leqslant x \leqslant A$。同时 $v = \alpha A$，可得对应的差熵为

$$h(X) = \ln\frac{A(1-\mathrm{e}^{-\mu^*})}{\mu^*} + \alpha\mu^* \tag{2-39}$$

类似的，对于 $\alpha \in [0.5, 1]$，最优解为 $[0, A]$ 上的均匀分布 $T_2(x)$，$v = \frac{A}{2}$。则对应的差熵为

$$h(X) = \ln A \tag{2-40}$$

对于 $\alpha \ll 1$，最优解为指数分布 $T_3(x) = \frac{1}{\varepsilon}\mathrm{e}^{\frac{x}{\varepsilon}}$，$v = \varepsilon$。则对应的差熵为

$$h(X) = \ln\varepsilon + \frac{1}{2} \tag{2-41}$$

2.3.2　带照明约束条件下的室内可见光通信平均光照信道容量

通过考虑约束条件式（2-17）～式（2-19），可以推导室内可见光阵列信道容量的上下界。因此，下面主要研究边界的紧性。

根据信息论，容量下限可以通过计算任意输入 PDF 下的互信息来推导。

因此，可见光通信的容量下界可以为

$$C \geqslant I(I;Y)\big|_{\text{any } f_X(x) \text{ satisfing the conditions}} = H(Y) - H(Y \mid I) \qquad (2\text{-}42)$$

输入信号的 PDF $f_{Y \mid X}(y \mid x)$ 可以表示为

$$f_{Y \mid I}(y \mid x) = \frac{1}{\sqrt{2\pi \left(1 + x\varsigma^2\right)\sigma^2}} e^{-\frac{(y-x)^2}{2\left(1+x\varsigma^2\right)\sigma^2}} \qquad (2\text{-}43)$$

因此，条件熵 $H(Y \mid I)$ 在式（2-42）中表示为

$$H(Y \mid I) = \frac{1}{2}\ln\left(2\pi e\sigma^2\right) + \frac{1}{2}E_I\left[\ln\left(1 + I\varsigma^2\right)\right] \qquad (2\text{-}44)$$

已知输出熵 $H(Y)$ 总是大于输入熵 $H(I)$，即

$$H(Y) \geqslant H(I) + f_{\text{low}}(\xi P) \qquad (2\text{-}45)$$

其中，$f_{\text{low}}(\xi P)$ 为正，定义为

$$f_{\text{low}}(\xi P) = \frac{1}{2}\ln\left(1 + \frac{2\varsigma^2\sigma^2}{\xi P}\right) - \frac{\xi P + \varsigma^2\sigma^2}{\varsigma^2\sigma^2} + \frac{\sqrt{\xi P(\xi P + 2\varsigma^2\sigma^2)}}{\varsigma^2\sigma^2} \qquad (2\text{-}46)$$

将式（2-46）和式（2-44）代入式（2-42），则有

$$C \geqslant -J[f_X(x)] + f_{\text{low}}(\xi P) - \frac{1}{2}\ln\left(2\pi e\sigma^2\right) \qquad (2\text{-}47)$$

其中，$J[f_X(x)]$ 由下式给出

$$J[f_X(x)] = \int_0^A f_X(x)\ln[f_X(x)]\,dx + \frac{1}{2}\int_0^A \ln\left(1 + \varsigma^2 x\right)f_X(x)\,dx \qquad (2\text{-}48)$$

在式（2-42）中，可以通过选择满足约束条件的任意 $f_I(x)$ 来获得容量下界。为了获得容量的严格下限，必须选择合适的 $f_I(x)$。在这里，考虑下面的优化问题

$$\begin{cases} \min\limits_{f_X(x)} J[f_X(x)] \\ \text{s.t.} \quad \int_0^A f_I(x)\,dx = 1 \\ \quad\quad \int_0^A x f_I(x)\,dx = \xi P \end{cases} \qquad (2\text{-}49)$$

该问题可以通过经典变分法解决。然后可以得到

$$f_I(x) = \begin{cases} \dfrac{\varsigma^2}{2\left(\sqrt{1+\varsigma^2 A}-1\right)\sqrt{1+\varsigma^2 x}}, & x \in [0,A] \\[4mm] \dfrac{\varsigma^2 e^{bx}}{2g(b,\varsigma^2,A)\sqrt{1+\varsigma^2 x}}, & x \in [0,A] \\[4mm] \text{if } \alpha \neq \dfrac{\varsigma^2 A + \sqrt{1+\varsigma^2 A}-1}{3\varsigma^2 A} \text{ and } \alpha \in (0, P/A] \end{cases} \quad (2\text{-}50)$$

其中，α 由式（2-20）给出，$g(b,\varsigma^2,A)$ 定义为

$$g(b,\varsigma^2,A) = \begin{cases} \dfrac{e^{-\frac{b}{\varsigma^2}\varsigma\sqrt{\pi}}}{2\sqrt{-b}}\left[\text{erf}\left(\sqrt{-\dfrac{b(1+\varsigma^2 A)}{\varsigma^2}}\right) - \text{erf}\left(\sqrt{-\dfrac{b}{\varsigma^2}}\right)\right], & b < 0 \\[4mm] \displaystyle\int_1^{\sqrt{1+\varsigma^2 A}} e^{\frac{b(t^2-1)}{\varsigma^2}}\,dt, & b > 0 \end{cases} \quad (2\text{-}51)$$

其中，b 是式（2-52）的解

$$\xi P = \frac{\sqrt{1+\varsigma^2 A}e^{bA}-1}{2bg(b,\varsigma^2,A)} - \frac{1}{2b} - \frac{1}{\varsigma^2} \quad (2\text{-}52)$$

根据式（2-51），得到：对于具有照明约束的室内 VLC，信道容量的下界推导

$$C_{\text{low}} = \begin{cases} \text{if } \alpha = \dfrac{\varsigma^2 A + \sqrt{1+\varsigma^2 A}-1}{3\varsigma^2 A} \\[4mm] \ln\left(\dfrac{2(\sqrt{1+\varsigma^2 A}-1)}{\varsigma^2\sqrt{2\pi e\sigma^2}}\right) + f_{\text{low}}(\xi P) \\[4mm] \ln\left(\dfrac{2g(b,\varsigma^2,A)}{\varsigma^2\sqrt{2\pi e\sigma^2}}\right) - b\xi P + f_{\text{low}}(\xi P) \\[4mm] \text{if } \alpha \neq \dfrac{\varsigma^2 A + \sqrt{1+c^2 A}-1}{3\varsigma^2 A} \text{ and } \alpha \in (0, P/A] \end{cases} \quad (2\text{-}53)$$

其中，$f_{\text{low}}(\xi P)$ 和 $g(b,\varsigma^2,A)$ 分别在式（2-46）和式（2-51）中定义。

下面，使用容量的对偶表达式导出容量的上限。根据

$$E_I\{D[f_{Y|I}(y\mid I)\Vert R_Y(y)]\} = I_n(I;Y) + D[f_Y(y)\Vert R_Y(y)] \quad (2\text{-}54)$$

其中，$R_Y(y)$ 表示 Y 的任意 PDF。由于 $D[f_Y(y)\Vert R_Y(y)] \geqslant 0$。因此，式（2-54）

可以简化为

$$I_n(X;Y) \leqslant E_I\{D[f_{Y|I}(y|I)\|R_Y(y)]\} \tag{2-55}$$

然后，室内可见光通信的容量上限为

$$C \leqslant E_{I:f_I(x)=f_I^*(x)}\{D[f_{Y|I}(y|I)\|R_Y(y)]\} \tag{2-56}$$

其中，$f_I^*(x)$ 表示实现输入 PDF 的信道容量。此外，相对熵 $D[f_{Y|I}(y|I)\|R_Y(y)]$ 可以进一步表示为

$$
\begin{aligned}
D[f_{Y|X}(y|X)\|R_Y(y)] &= -\frac{1}{2}\ln[2\pi e\sigma^2(1+\varsigma^2 X)] \\
&= -\int_{-\infty}^{\infty} f_{Y|X}(y|X)\ln[R_Y(y)]\,\mathrm{d}y
\end{aligned}
\tag{2-57}
$$

在这种情况下，可以通过选择任意的 $R_Y(y)$ 来获得容量的上界。然而，要获得紧边界，需要选择合适的 $R_Y(y)$。在这里，当 $\alpha=(\varsigma^2 A+\sqrt{1+\varsigma^2 A}-1)/(3\varsigma^2 A)$，$R_Y(y)$ 可以设置为

$$
R_Y(y)=
\begin{cases}
\dfrac{2\beta}{\sqrt{2\pi}}\mathrm{e}^{-\frac{y^2}{2}}, & y\in(-\infty,0) \\[3mm]
\dfrac{(1-2\beta)\varsigma^2}{2(\sqrt{1+\varsigma^2(A+A\delta)}-1)\sqrt{1+\varsigma^2 y}}, & y\in[0,A+A\delta] \\[3mm]
\dfrac{\beta}{\mathrm{e}^{-(A+A\delta)}}\mathrm{e}^{-y}, & y\in(A+A\delta,\infty)
\end{cases}
\tag{2-58}
$$

当 $\alpha\neq(\varsigma^2 A+\sqrt{1+\varsigma^2 A}-1)/(3\varsigma^2 A)$，$\alpha\in(0,P/A]$时，$R_Y(y)$ 应为

$$
R_Y(y)=
\begin{cases}
\dfrac{2\beta}{\sqrt{2\pi}}\mathrm{e}^{-\frac{y^2}{2}}, & y\in(-\infty,0) \\[3mm]
\dfrac{(1-2\beta)\varsigma^2\mathrm{e}^{by}}{2G(b,\varsigma^2,A,\delta)\sqrt{1+\varsigma^2 y}}, & y\in[0,A+A\delta] \\[3mm]
\dfrac{\beta}{\mathrm{e}^{-(A+A\delta)}}\mathrm{e}^{-y}, & y\in(A+A\delta,\infty)
\end{cases}
\tag{2-59}
$$

其中，$\beta\in(0,1)$ 和 $\delta>0$ 为较小的正常数，$G(b,\varsigma^2,A,\delta)$ 定义为

$$G(b,\varsigma^2,A,\delta)\triangleq\int_1^{\sqrt{1+\varsigma^2 A(1+\delta)}}\mathrm{e}^{b\frac{t^2-1}{\varsigma^2}}\,\mathrm{d}t \tag{2-60}$$

利用式（2-59）和式（2-60），可以推导出考虑照明约束时的容量的上界

$$C_{\text{upp}} = \begin{cases} \ln\left(\dfrac{2(\sqrt{1+\varsigma^2 A(1+\delta)}-1)}{(1-2\beta)\,\varsigma^2\sqrt{2\pi e\sigma^2}}\right) + o_A(1) \\[4mm] \text{if } \alpha = \dfrac{\varsigma^2 A + \sqrt{1+\varsigma^2 A}-1}{3\varsigma^2 A} \\[4mm] \ln\left(\dfrac{2G(b,\varsigma^2,A,\delta)}{(1-2\beta)\,\varsigma^2\sqrt{2\pi e\sigma^2}}\right) + \psi(b,\varsigma^2,A,\sigma^2,\xi,P) + o_A(1) \\[4mm] \text{if } \alpha \neq \dfrac{\varsigma^2 A + \sqrt{1+\varsigma^2 A}-1}{3\varsigma^2 A} \text{ and } \alpha \in (0,P/A] \end{cases} \qquad (2\text{-}61)$$

其中 $\beta \in (0,1), \delta > 0, G(b,\varsigma^2,A,\delta)$ 由式（2-60）给出，$\psi(b,\varsigma^2,A,\sigma^2,\xi,P)$ 定义为

$$\psi(b,\varsigma^2,A,\sigma^2,\xi,P) = \begin{cases} -b\dfrac{\sqrt{(1+A\varsigma^2)\sigma^2}}{\sqrt{2\pi}}\,e^{-\frac{A^2}{2(1+A\varsigma^2)\sigma^2}} - b\xi P, & b < 0 \\[5mm] b\dfrac{\sqrt{(1+A\varsigma^2)\sigma^2}}{\sqrt{2\pi}}\,e^{-\frac{(A\delta)^2}{2(1+A\varsigma^2)\sigma^2}} - \\[5mm] b\xi P\left[Q\left(\dfrac{-\xi P}{\sqrt{(1+\xi P\varsigma^2)\sigma^2}}\right) - Q\left(\dfrac{A+A\delta-\xi P}{\sqrt{(1+\xi P\varsigma^2)\sigma^2}}\right)\right], & b > 0 \end{cases}$$

$$(2\text{-}62)$$

最后，推导上述信道容量界限的紧密性。此外，对于 A 比较大的情况，还将分析渐近紧性性能。

上界和下界之间的区间可以用下式表示

$$C_{\text{gap}} = C_{\text{upp}} - C_{\text{low}}$$

$$= \begin{cases} \ln\left(\dfrac{\sqrt{1+\varsigma^2 A(1+\delta)}-1}{(1-2\beta)(\sqrt{1+\varsigma^2 A}-1)}\right) + o_A(1) - f_{\text{low}}(\xi P) \\[4mm] \text{if } \alpha = \dfrac{\varsigma^2 A + \sqrt{1+\varsigma^2 A}-1}{3\varsigma^2 A} \\[4mm] \ln\left(\dfrac{G(b,\varsigma^2,A,\delta)}{(1-2\beta)g(b,\varsigma^2,A)}\right) + \psi(b,\varsigma^2,A,\sigma^2,\xi,P) + o_A(1) + b\xi P - f_{\text{low}}(\xi P) \\[4mm] \text{if } \alpha \neq \dfrac{\varsigma^2 A + \sqrt{1+\varsigma^2 A}-1}{3\varsigma^2 A} \text{ and } \alpha \in (0,P/A] \end{cases}$$

$$(2\text{-}63)$$

在室内可见光通信环境中，峰值光强度通常较大，以满足照明要求。因此，需要分析在大峰值光强度下的渐近性能。基于式（2-63），可以得到上界和下界之间的渐近性能差距为

$$
\lim_{A \to \infty} C_{\text{gap}} = \begin{cases} \ln\left(\dfrac{\sqrt{1+\delta}}{1-2\beta}\right) \\ \quad \text{if } \alpha = \dfrac{\varsigma^2 A + \sqrt{1+\Gamma^2 A}-1}{3\varsigma^2 A} \\[2mm] \ln\left(\dfrac{1}{1-2\beta}\right) \\ \quad \text{if } \alpha \neq \dfrac{\varsigma^2 A + \sqrt{1+c^2 A}-1}{3\varsigma^2 A} \text{ and } \alpha \in (0, P/A] \end{cases} \tag{2-64}
$$

这表明上边推导出的上界和下界对于 A 比较大时，是紧的。

2.4　数值仿真结果

本节对典型情况的信道容量进行仿真，为了不失一般性，对信号噪声进行了归一化，假设系统处于室内照明环境，因此 $A \geqslant 30$ dB。

在 $d=0$ m、1 m、2 m 条件下的信道容量上下限如图 2-4 所示。从图 2-4 中可以看出，可见光系统的信道容量与接收机偏离光照中心的距离有关。

从图 2-4 中还可以看出，使用本研究所推出的容量界限公式计算的上下限的差距非常小，只有 0.06 nats，说明了本研究推出的上下限公式具有较好的紧性。

2.5　本章小结

本章针对在考虑照明约束的条件下，室内可见光信道的容量上下限的闭合表达式进行研究。本章针对点对点信道，考虑不同峰均比的三种情况，推

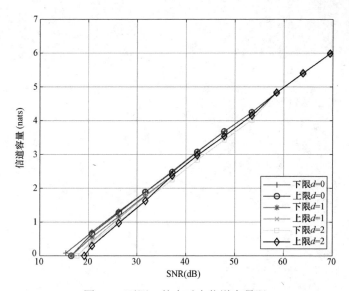

图 2-4　不同 d 的点对点信道容量限

导了一个通用的上下限近似公式；考虑到照明和通信一体化系统的要求、可见光通信信号受到峰值和平均光强的约束等条件，使用变分法等方法推导了容量下限和上限的闭合表达式；通过数值仿真，验证了本研究给出的上下限具有较好的紧性。

第 3 章
基于改进遗传算法的阵列可见光
通信多用户信噪比优化研究

3.1　本章引言

针对室内可见光多灯阵列多用户通信信噪比优化问题，本章提出基于遗传算法的阵列通信灯选择优化算法。通过量化分析每个 LED 灯信号发射路径延迟特性作为基因对信噪比的贡献度量值，以该度量值作为基因交叉和变异时的依据，采用最大信噪比贡献保留和最小信噪比贡献消除方法来改进一般遗传算法的交叉和变异过程。仿真结果表明，相比一般遗传算法，该优化算法收敛速度更快，获得的信噪比更高。

3.2　室内多用户可见光通信建模

假设一个典型的室内可见光通信场景，存在多个大规模照明加通信 LED 阵列和若干用户终端机。LED 阵列中的灯珠记做 L_i ($i=1,2,\cdots,N_L$)，用户接收机记为 R_j ($j=1,2,\cdots,N_R$)。其中，N_L 为 LED 灯珠数目，N_R 为接收机数目。LED 灯主要用于提供下行广播通信业务，在这种应用中，一般所有的 LED 都传输相同的信息。由于室内定位技术的快速发展，特别是可见光通信与定位一体化技术的快速发展和广泛应用，可见光通信系统中用户接收机的位置一般认为是已知的。系统总体结构示意如图 3-1 所示。

LED 灯珠通过阵列切换控制结构，可以连接发送信号总线用于发送通信信号，也可以连接一个照明驱动器仅用于照明，在 LED 阵列驱动控制器中，使用一个切换开关来对 LED 的工作模式进行切换。LED 灯珠选择状态用向量 $\boldsymbol{S}=[s_1,s_2,\cdots,s_{N_L}]$ $s_i\in\{0,1\}$ 来表示，当 $s_i=1$ 时表示第 i 个 LED(L_i)用于发射通信信号，否则表示 L_i 仅用于照明。用户接收机包括光学镜头、感光二极管器件、可见光通信模块以及其他终端信息处理设备。通信 LED 选择优化方法的目标就是确定最优的状态向量 $\boldsymbol{S}$ 使所有用户总的通信效果最好。

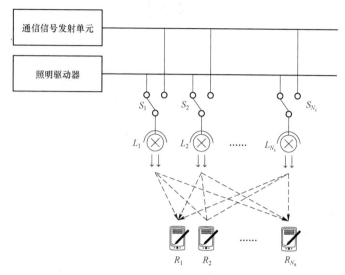

图 3-1　系统总体结构示意图

接收机接收到的光强度由 LED 发射光强度、直射通路信道响应 $H(\boldsymbol{S},i,j)$ 和反射通路信道响应 $H_{ref}(\boldsymbol{S},i,j)$ 决定，某种 LED 选择方案下，第 j 个接收机的接收光强可表示为[5]

$$P_r(\boldsymbol{S},j) = \sum_i P_t(i)\left[H(\boldsymbol{S},i,j) + \int_{Wall} \mathrm{d}H_{ref}(\boldsymbol{S},i,j)\right] \qquad （3\text{-}1）$$

其中，$P_t(i)$ 为第 i 个 LED 的发射光强度；$\displaystyle\int_{Wall} \mathrm{d}H_{ref}(\boldsymbol{S},i,j)$ 代表一次反射的信道响应在墙面或其他反射面的积分；直射信道响应 $H(\boldsymbol{S},i,j)$ 表示为

$$H(\boldsymbol{S},i,j) = \begin{cases} s_i \dfrac{(m+1)A}{2\pi d_{i,j}^2}\cos^m(\phi)\,T_s(\psi)g(\psi)\cos(\psi), & 0 \leqslant \psi \leqslant \psi_c \\ 0, & \psi > \psi_c \end{cases} \qquad （3\text{-}2）$$

其中，$d_{i,j}$ 为第 i 个 LED 到第 j 个接收机之间的空间直线距离；A 为接收机感光器件感光物理面积；ϕ 为 LED 发光辐射角；ψ 为接收机感光入射角；$T_s(\psi)$ 为光学滤光镜增益；$m = -\ln 2 / \ln(\cos\varphi_{1/2})$ 为朗伯指数，$\varphi_{1/2}$ 为半功率角。光学集中器增益 $g(\psi)$ 的计算公式为

$$g(\psi) = \begin{cases} \dfrac{n^2}{\sin^2 \psi_c}, & 0 \leqslant \psi \leqslant \psi_c \\ 0, & \psi > \psi_c \end{cases} \qquad (3\text{-}3)$$

其中，ψ_c 为接收机视场角；n 为镜头折射率。根据 Xu 等人[5]的研究结果，在室内高速传输环境中，接收机的视场角及光学设计可以有效屏蔽反射光，因此反射对通信质量的影响可以忽略不计。

从场景模型中可以看出，不同 LED 到第 j 个接收机的直射路径距离是不同的，所以信号传播时间也是不同的。第 i 个 LED 到第 j 个接收机的信号传播时间为 $t_{i,j} = d_{i,j} / c$，其中 c 是光速，$d_{i,j}$ 为第 i 个 LED 到第 j 个接收机的距离。从接收机的角度来看，不同灯发射的某一个码元信号到达情况如图 3-2 所示，其实际接受信号为各个灯到达信号的叠加。为简单起见，码元波形在图 3-2 中设置为理想方波。

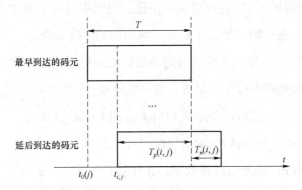

图 3-2　不同 LED 信号发射某个码元到达接收机的时间关系示意图

在图 3-2 中，横轴为时间，T 为码元周期，定义第 j 个接收机最早接收到该码元的时间 $t_0(j)$ 为该码元的开始时间，该时间作为后续其他延时信号的基准，其他灯发射的该码元会延时到达。延时的码元可以分为拖尾和增强两个部分，对应的时间长度分别为 $T_n(i,j)$ 和 $T_p(i,j)$。拖尾时间 $T_n(i,j)$ 与码元相对于基准的延时是相等的，因此拖尾和增强部分的时间长度表达式分别为

$$T_n(i,j) = t_{i,j} - t_0(j) \tag{3-4}$$

$$T_p(i,j) = T - T_n(i,j) \tag{3-5}$$

其中，增强部分 $T_p(i,j)$ 叠加后会增强接收信号码元内能量的强度；拖尾部分 $T_n(i,j)$ 叠加后则会拓展接收码元的时长，造成码间串扰。码间串扰部分叠加后的总能量称为码间串扰噪声能量。叠加后的信号能量 P_S 和码间串扰噪声能量 P_{ISI} 可以表示为[44]

$$P_S(\boldsymbol{S},j) = \int_{t_0(j)}^{T+t_0(j)} \left[\sum_{i=1}^{N_L} H(\boldsymbol{S},i,j) \otimes x(t) \right] \mathrm{d}t \tag{3-6}$$

$$P_{ISI}(\boldsymbol{S},j) = \int_{T+t_0(j)}^{\infty} \left[\sum_{i=1}^{N_L} H(\boldsymbol{S},i,j) \otimes x(t) \right] \mathrm{d}t \tag{3-7}$$

其中，$x(t)$ 代表发射的光信号脉冲信号。在式（3-2）中，$H_{ref}(\boldsymbol{S},i,j)$ 代表一次反射所形成的信道通路。根据文献[24]，当系统传输速率大于 100 Mb/s 时，反射所造成的码间串扰可以忽略不记。码间串扰功率叠加在后续的码元上，可以看作是在传输中增加了噪声，称为码间串扰噪声。

本研究中假设可见光无线信道为高斯白噪声信道，因此接收噪声由散粒噪声、热噪声和码间串扰噪声组成。散粒噪声 σ_{shot}、热噪声 σ_{thermal} 的表达式为

$$\sigma_{\text{shot}}^2(j) = 2q\gamma[P_S(j) + P_{ISI}(j)]B + 2qI_{bg}I_2B \tag{3-8}$$

$$\sigma_{\text{thermal}}^2 = 8\pi KT_k\eta AI_2B^2 / G + 16\pi^2 KT_k\Gamma\eta^2 A^2 I_3 B^3 / g_m \tag{3-9}$$

其中，γ 为 PD 的光电转换效率；q 为电子电荷量；B 为等效噪声宽度；I_{bg} 为背景电流；I_2 为噪声带宽系数；K 为玻耳兹曼常数；T_k 为绝对温度；G 为开环电压增益；η 为 PD 单位面积的固定电容；Γ 为场效应晶体管跨噪声因子；g_m 为场效应晶体管跨导；I_3 为一个固定常数，取 0.086 8。如果 LED 不发送通信信号，只进行照明，其发射信号可以视为一个直流分量，在接收端可以通过交流耦合去掉，对叠加信号噪声没有影响。因此，接收信号的信噪比表示为

$$\text{SNR}_j(\boldsymbol{S}) = \frac{[\gamma P_S(\boldsymbol{S},j)]^2}{\sigma_{\text{shot}}^2(j) + \sigma_{\text{thermal}}^2 + [\gamma P_{ISI}(\boldsymbol{S},j)]^2} \tag{3-10}$$

3.3　基于最大信噪比贡献保留和最小信噪比贡献消除的改进遗传算法

当室内有多个用户时，根据信噪比表达式（3-10），不同位置的接收机的信噪比是不同的。对于室内常见的广播类型应用，多用户优化目标应为最小信噪比最大化，从而保证所有用户的可通性和通信质量。此优化问题目标函数可表示为

$$\begin{cases} \max_{S} \{\min[\mathrm{SNR}_j(S)]\} & j=1,2,\cdots,N_R \\ s.t. \quad s_i \in \{0,1\} & i=1,2,\cdots,N_L \end{cases} \quad (3\text{-}11)$$

其中，S 为状态向量。

考虑到室内照明 LED 阵列的 LED 灯珠数较多，对于优化问题式（3-11），寻找全局最优解析解比较困难。一个可行的办法是利用随机搜索类算法迭代寻找近似最优解。遗传算法即为一种可行的求解方法。根据遗传算法理论，每个个体代表一个状态向量的可行解，s_i 即为个体的基因。大量个体组成种群。目标函数作为适应度函数。种群经过初始化、选择、基因交叉和变异产生新的后代，通过不断迭代后找到更优化的解。

在本研究提出的改进遗传算法中，初始化种群过程与一般遗传算法相同，使用随机基因产生方法，s_i 取均匀分布的 0、1 随机数。每次迭代过程中，计算每个个体的适应度，然后使用经典的轮盘选择法对个体进行选择。

根据遗传算法理论，交叉和变异环节对种群基因的多样性和优势基因筛选保留具有重要影响，其直接影响了算法的收敛速度获取全局最优解的能力。遗传算法中有很多成熟的交叉和变异方法，比如单点、多点交叉，均匀交叉，一致变异等[45]，这些方法都是从数学角度，针对一般性问题设计的，可以应用于所有遗传算法问题。但是，这些方法都只把基因当作一种数学编码，而并不利用基因数值在具体问题里的物理含义。因此，对于本研究的特殊优化

问题，可以提出针对性的交叉和变异方法，这种方法根据每个基因对最小信噪比的影响来进行基因变换。由式（3-4）和式（3-5）可以看出，码叠加增强部分可以增强信号信噪比，而拖尾部分则会造成码间串扰，导致信噪比恶化。因此，这两个部分的比值可以反映该灯对码间串扰优化基因的贡献程度。这里需要注意的是，对于第 i 个灯和第 j 个接收机来说，相邻的 LED 其拖尾部分可能很短，这将导致其贡献指数非常大。这些超大的贡献指数将扰乱遗传算法的优化过程。实际上，这些紧邻的 LED 灯基本不会造成码间串扰，因此应该直接被选择作为通信灯，且不参加基因变异，以便提高遗传算法的速度。综合考虑上述问题，对第 j 个接收机来说，第 i 个 LED 发出的信号对接收信号信噪比的影响可以量化表示为

$$g_{i,j} = \begin{cases} \dfrac{T_{\text{post}}(i,j)}{T_{\text{nega}}(i,j)}, & T_{\text{nega}}(i,j) > e \\ \infty, & T_{\text{nega}}(i,j) \leqslant e \end{cases} \tag{3-12}$$

其中，INF 为一个特殊标记；e 为一个阈值，计算方法为

$$e = R_r[\max(T_{\text{nega}}(i,j)) - \min(T_{\text{nega}}(i,j))] \tag{3-13}$$

其中，$0 < R_r < 1$ 为保留因子。贡献矩阵 $\boldsymbol{G}$ 定义为

$$\boldsymbol{G} = [g_{i,j}] \quad i = 1,2,\cdots,N_L \quad j = 1,2,\cdots,N_R \tag{3-14}$$

在初始化过程中，本研究提出一种基于式（3-12）的启发式初值设定方法。假设初始时第 k 个接收机的信噪比最低，则初始个体按下式产生

$$\boldsymbol{S}_m(i) = \begin{cases} 1, & g_{i,k} \geqslant r_m \text{ or } g_{i,k} = \infty \\ 0, & g_{i,k} < r_m \end{cases} \tag{3-15}$$

其中，r_m 为一个在 $[\min(g_{i,k}), \max(g_{i,k})]$ 之间均匀分布的随机数，$i = 1,2,\cdots,N_L$。

对比完全随机的基因初始化方法，启发式方法在初始化时将获得更多对信噪比贡献较大的基因，从而有利于后代的成长。经过初始化后，在每一轮进化中，计算所有个体的适应度。使用传统的轮盘选择法进行个体选择。然

后使用本研究提出的交叉和变异算法进行交叉变异。

假设在某一次遗传算法迭代中，第 k 个接收机的信噪比最低。在交叉环节，使用最大信噪比贡献基因保留方法。首先通过轮盘选择法等经典的个体选择方法选择父母个体，2 个挑选出来的父母个体记做 S_1 和 S_2。其后代个体 S_c 的每个基因根据如下规则生成：如果 $S_1(i) = S_2(i) = m$，则 $S_c(i) = m$ $m \in \{0,1\}$；如果 $S_1(i) \neq S_2(i)$，则 $S_c(i) = \begin{cases} 1, & g_{i,k} \geq r \ \ \text{or} \ \ g_{i,k} = \text{INF} \\ 0, & g_{i,k} < r \end{cases}$。其中，$r$ 为一个在 $[\min(g_{i,k}), \max(g_{i,k})]$ 范围内均匀分布的随机数，$i = 1, 2, \cdots, N_L$，INF 值在求最大最小函数时忽略。在最大信噪比贡献基因保留交叉中，对后代的每个基因，当父母的对应基因不同时，对信噪比贡献最大的基因将更容易得到保留。由于标记 INF 不参与变异，因此最大贡献的基因在下一代也将保留。

交叉完毕后，在变异环节，提出最小贡献基因消除方法。假设个体 S_m 被选择进行变异，则变异操作为：对于每个基因 $S_m(i)$，$i = 1, 2, \cdots, N_L$，如果 $g_{i,k} < \beta$，则将 $S_m(i)$ 设置为 0；如果 $g_{i,k} \geq \beta$，则保持 $S_m(i)$ 不变。其中

$$\beta = R_e[\max(g_{i,k}) - \min(g_{i,k})] \tag{3-16}$$

其中，$0 < R_e < 1$ 为消除因子。通过最小贡献基因消除变异，对信噪比影响较差的 LED 发射信号将更容易被消除。

为了保持种群的多样性，普通的随机交叉和变异方法也可以使用。定义一个新的参数 F_m 表示个体在交叉和变异过程中使用本研究所提出的交叉变异方法处理的个体和被选择总个体的数量比，其他个体使用一般方法处理。

此处需要说明的是，尽管交叉和变异过程中需要用到矩阵 G。但是在实际某个预设场景中，G 是一个不变的矩阵，因此在遗传算法开始前可以预先计算好。所以，本研究提出的交叉和变异方法并不过多增加系统的复杂度，该改进型遗传算法迭代速度与一般遗传算法相同。

经过一定数量的迭代，适应度函数的变化将越来越小，当小于某个预设的门限时，认为算法已经收敛。此时的最佳个体即为最优解。

3.4　算法性能分析

我们在典型室内环境条件下，对提出的改进遗传算法的性能进行仿真分析。为了方便进行性能比较，本研究使用与 Xu 等人[5]一样的室内可见光广播通信场景。房间尺寸为 5 m×5 m×3 m。4 个大规模 LED 阵列安装在高度为2.5 m 的吊顶天花板上，为仿真不同阵元对算法的影响，考虑两种阵列规模。LED 阵列布局如图 3-3 所示。

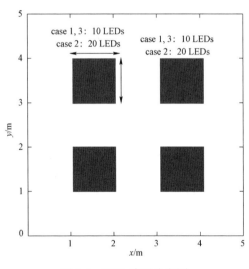

图 3-3　LED 阵列分布图

其他参数条件见表 3-1。

表 3-1　仿真参数

项目	值
发射光强度	20 mW
半功率辐射角 $\varphi_{1/2}$	70°
接收机视角 ψ_c	60°

续表

项目	值
PD 接收面积 A	$1.0\ cm^2$
镜头折射率 n	1.5
本底电流 I_{bg}	5 100 μA
噪声带宽因子 I_2	0.526
开环电压增益 G	10
固定电容 η	112 pF/cm²
场效应晶体管跨导 g_m	30 mS
场效应晶体管跨噪声因子 Γ	1.5
绝对温度 T_k	295 K
光电转换效率 γ	0.53 A/W

这些 LED 向多个接收机发射相同的广播信号。系统通信速率假设为 200 Mb/s。假设接收机放在高 0.85 m 的桌子上，该水平面称为接收平面。为仿真不同灯和接收机个数对算法的影响，设计了三种仿真场景，其灯和终端数见表 3-2（接收机位置见表 3-3）。

表 3-2　仿真场景设定

场景	LED 阵列规模	LED 个数	接收机个数
场景 1	100（10×10）	400	5
场景 2	400（50×50）	1 600	5
场景 3	100（10×10）	400	10

系统通信速度设置为 200 Mb/s。根据通信理论，对于开关键控调制来说，为使误码率达到 10^{-6}，信噪比需要 13.6 dB。为比较算法的性能，仿真中也使用了一般和启发式遗传算法来进行对比计算。在本研究的算法仿真中，选择出的个体一半使用本研究提出的交叉变异方法进行基因处理，其他个体使用传统的单点交叉和一致变异，也即 $F_m = 0.5$。

首先，需要确定保留因子 R_r 和消除因子 R_e。通过初步仿真可以发现，这两个因子具有相互作用，需要权衡和联合调优。因此，仿真中通过固定一个参数，调整另一个参数，可以获得单因素变化的规律，从而通过实验来进行参数调优。不同 R_r 和 R_e 经过 400 代循环所获得的收敛曲线如图 3-4 和图 3-5 所示。

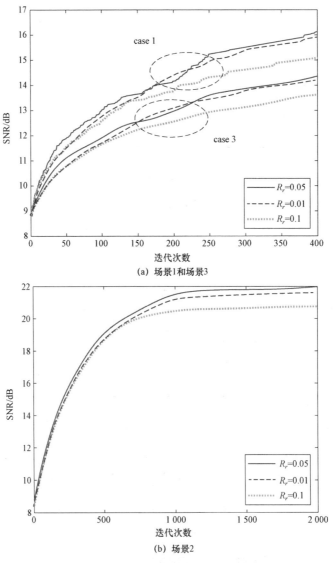

(a) 场景1和场景3

(b) 场景2

图 3-4　不同 R_r 时的收敛曲线（$R_e = 0.05$）

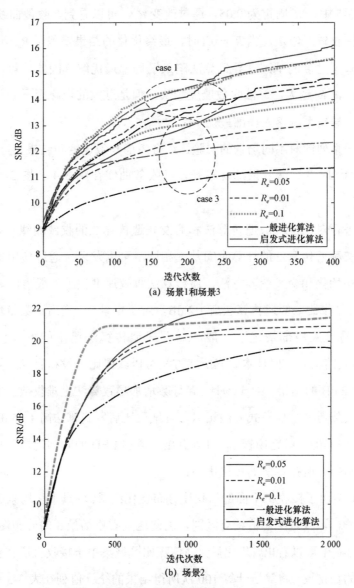

图 3-5 不同 R_e 时的收敛曲线（$R_r = 0.05$）

在图 3-4 中，R_e 固定为 0.05，通过改变 R_r，可以看到，三个收敛曲线变化不大。但是 $R_r = 0.1$ 时收敛曲线明显较差。总的来说，$R_r = 0.05$ 时的收敛曲线要略好于 $R_r = 0.01$ 时的曲线。考虑到 R_r 决定 LED 基因在变异中的保留程度，结合实验结果，可以看出 R_r 对最终优化结果有影响，该值不能过大。

在图 3-5 中，R_r 固定为 0.05，通过改变 R_e，可以看到，收敛曲线随 R_e 的增大而加快收敛。但是，当 $R_e = 0.1$ 时，最终优化的结果要差于 $R_e = 0.05$。这是由于消除了过多的基因，导致算法陷入了局部最优解。因此，可以认为在一定范围内，R_e 越大，算法收敛速度越快，但是过大的消除因子会危害基因的多样性，导致系统落入局部最优。

通过一系列针对不同场景的实验，综合考虑收敛速度和结果，可以发现，$R_r = R_e = 0.05$ 时，算法效果综合较好，其收敛曲线在图 3-4 和图 3-5 中均有体现。

为了进行对比，一般遗传算法和启发式遗传算法的收敛曲线也在图 3-5 中给出。三种遗传算法的计算时间基本相同。可以发现，通过使用本研究提出的改进初始化和交叉变异方法，遗传算法收敛速度快于一般方法。对于场景 1，最终结果比一般遗传算法高 1.2 dB。对于场景 3，当用户数量增多时，算法更容易进入局部最优，一般和启发式遗传算法已不能保证获得高于 13.6 dB 门限的结果。但是本研究所述方法可以获得比一般和启发式算法分别高 3 dB 和 2 dB 的结果。对于场景 2，灯数增加导致算法更难收敛。本研究所述方法的收敛速度与启发式方法相似，且结果比启发式算法高 1.45 dB，比一般算法高 2.34 dB。对比场景 1，可以看出，增加 LED 的阵列规模，将更加有效地发挥本研究所提算法的优化优势。

图 3-6 给出了接收机平面的信噪比分布优化结果。场景 1 和场景 3 的分布图像基本一样，只是绝对值稍有区别，因此这里省略场景 3 的分布图。

从图 3-6 中可以看出，优化后，高信噪比区域集中于接收机所在位置。为研究算法的稳定性，将算法计算 100 次所得结果的统计值列在表 3-3 中。从统计值中可以看出，本研究提出的方法在稳定性上要优于一般和启发式遗传算法。对比未经优化过的信噪比，所有的接收机信噪比均超过了 13.6 dB 的门限值。这保证了室内 200 Mb/s 的高速通信。

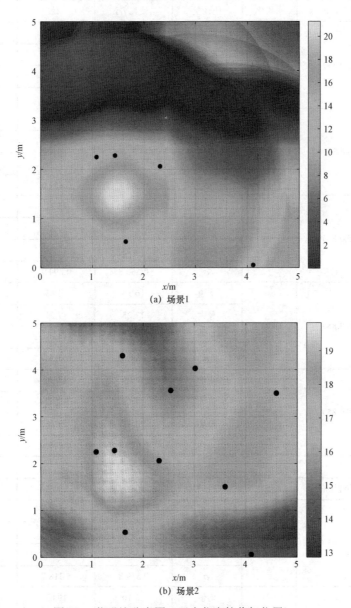

(a) 场景1

(b) 场景2

图 3-6　信噪比分布图（黑点代表接收机位置）

表 3-3 优化信噪比对比　　　（信噪比单位：dB）

（a）场景 1

接收机位置/m	未优化	统计量	本研究方法	一般	启发式
（1.44,2.28,0.85）	8.71	均值	18.53	17.33	18.02
		最大	19.52	18.08	19.51
		最小	17.56	15.11	17.05
		σ	0.581	0.854 7	0.727 2
（1.65,0.53,0.85）	8.71	均值	16.07	14.76	15.68
		最大	17.10	16.91	17.10
		最小	15.07	13.77	14.68
		σ	0.546 1	0.854 0	0.643 6
（1.08,2.25,0.85）	8.39	均值	16.48	15.31	15.91
		最大	17.51	17.38	17.39
		最小	15.49	14.31	14.95
		σ	0.566 8	0.894 9	0.670 3
（4.11,0.05,0.85）	9.04	均值	16.18	15.03	15.73
		最大	17.25	17.21	17.20
		最小	15.22	14.08	14.73
		σ	0.580 2	0.916 4	0.756 2
（2.31,2.06,0.85）	8.21	均值	16.09	14.86	15.57
		最大	17.18	17.03	17.06
		最小	15.12	13.86	14.59
		σ	0.615 8	0.895 8	0.749 6

（b）场景 2

接收机位置/m	未优化	统计量	本研究方法	一般	启发式
（1.44,2.28,0.85）	8.69	均值	24.54	22.34	23.16
		最大	26.48	25.18	24.65
		最小	25.55	21.34	22.17
		σ	0.539 8	1.118 7	0.709 9
（1.65,0.53,0.85）	8.69	均值	22.10	19.63	21.20
		最大	23.07	22.58	22.68
		最小	21.14	18.66	20.23
		σ	0.552 5	1.163 5	0.732 3

续表

接收机位置/m	未优化	统计量	本研究方法	一般	启发式
（1.08,2.25,0.85）	8.37	均值	22.59	20.41	21.70
		最大	23.58	23.39	23.13
		最小	21.62	19.47	20.75
		σ	0.586 5	1.145 5	0.760 3
（4.11,0.05,0.85）	9.03	均值	22.03	20.01	21.15
		最大	23.02	23.00	22.72
		最小	21.04	19.01	20.25
		σ	0.569 8	1.196 7	0.707 7
（2.31,2.06,0.85）	8.18	均值	21.98	19.64	20.53
		最大	22.94	22.60	21.97
		最小	21.01	18.64	19.54
		σ	0.586 1	1.119 7	0.689 5

（c）场景 3

接收机位置/m	未优化	统计量	本研究方法	一般	启发式
（1.44,2.28,0.85）	8.71	均值	19.34	16.52	17.63
		最大	20.30	18.47	19.12
		最小	18.34	15.52	16.63
		σ	0.596 7	0.843 5	0.688 2
（1.65,0.53,0.85）	8.71	均值	16.67	13.12	14.22
		最大	17.65	15.11	15.70
		最小	15.69	12.13	13.22
		σ	0.583 9	0.977 5	0.775 6
（1.08,2.25,0.85）	8.39	均值	18.87	15.83	16.75
		最大	19.84	17.82	18.23
		最小	17.87	14.84	15.75
		σ	0.570 9	0.892 5	0.684 1
（4.11,0.05,0.85）	9.04	均值	14.39	11.33	12.35
		最大	15.38	13.29	13.80
		最小	13.71	10.36	11.35
		σ	0.597 5	0.862 2	0.777 2

接收机位置/m	未优化	统计量	本研究方法	一般	启发式
（2.31,2.06,0.85）	8.21	均值	17.9	14.72	15.24
		最大	18.89	16.71	16.71
		最小	16.99	13.72	14.25
		σ	0.538 4	0.921 6	0.667
（3.02,4.03,0.85）	8.52	均值	15.94	12.84	13.75
		最大	16.93	14.78	15.23
		最小	14.95	11.84	12.80
		σ	0.542 1	0.880 8	0.683 1
（4.60,3.50,0.85）	8.37	均值	17.65	14.15	15.62
		最大	18.63	16.10	17.02
		最小	16.71	13.18	14.63
		σ	0.553 5	0.868 0	0.736 1
（1.60,4.30,0.85）	8.54	均值	16.47	13.23	14.37
		最大	17.46	15.18	15.76
		最小	15.47	12.24	13.40
		σ	0.578 8	0.866 8	0.680 2
（3.60,1.50,0.85）	8.65	均值	18.09	15.72	16.46
		最大	19.06	17.61	17.94
		最小	17.16	14.75	15.46
		σ	0.556 5	0.843 7	0.739 7
（2.54,3.56,0.85）	8.22	均值	15.24	12.11	13.22
		最大	16.23	14.04	14.71
		最小	14.28	11.12	12.24
		σ	0.566 8	0.903 6	0.699 3

另一种需要仿真的场景是某些可见光通信系统没有定位功能或终端处于移动状态，此时用户终端的位置不确定，这种情况下，可以考虑在接收机可能出现或移动的范围内均匀设置若干虚拟用户终端来进行优化。这里假设终端位置完全未知，也即接收机可能等概率地出现于接收平面的任何位置。综合考虑运算复杂度，设置 16 个均匀分布的虚拟用户终端，如图 3-7 所示。

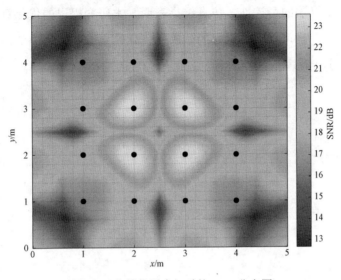

图 3-7　终端位置未知时的 SNR 分布图

从图 3-7 中可以看出，在使用了最大信噪比贡献基因保留和最小信噪比贡献基因消除方法后，在接收机位置未知情况下，经过优化后，信噪比在整个平面内较均匀分布，整个接收平面最低信噪比为 13.68 dB。实际使用时，可以根据预估的接收机位置分布来缩小虚拟用户终端的分布范围，从而获得局部 SNR 分布更加优化的结果。

3.5　本章小结

针对室内大规模可见光阵列通信多用户信噪比优化问题，本章提出一种室内阵列可见光通信多用户信噪比优化算法，该方法使用改进的遗传算法，不同于一般的使用基于随机的基因交叉和变异方法。本章提出了基于基因物理意义的最大信噪比贡献基因保留交叉和最小信噪比贡献基因消除变异方法来使种群基因向更有利的方向变异；根据基因贡献，提出了启发式基因初始化方法，来获得更好的初始种群；提出了两个新的参数——保留因子和消除因子，增加了算法的可控性。仿真结果表明，本研究提出的优化算法具有更快的收敛速度，且可以获得更好的信噪比优化结果。收敛速度的加快将有利于遗传算法类优化方法在室内可见光通信领域的应用。

第 4 章
可见光阵列低峰均比叠加 LACO-OFDM 调制方法

4.1 本章引言

本章提出了一种叠加 LACO-OFDM（superimposed LACO-OFDM，SLACO-OFDM）方法。该方法设计了一个特别的周期信号并叠加到 LACO-OFDM 信号上，以降低 PAPR。方法根据叠加层数来设置周期信号的周期，以确保其 FFT 仅落在 LACO-OFDM 信号未使用的子载波上。因此，叠加后的信号不改变原 LACO-OFDM 各层信号。本研究所提出的 SLACO-OFDM 信号与现有的 LACO-OFDM 接收机兼容，可以不经改造地被现有 LACO-OFDM 接收机接收，更具有使用性。仿真结果表明，该方法比 DHT 等方法具有更低的峰均比。

4.2 系统模型

对于典型的 ACO-OFDM 信号，基带二进制信号首先通过正交幅度调制（quadrature amplitude modulated，QAM）进行调制，由于 LED 的发射特性，因此光 OFDM 信号生成必须满足厄米对称条件，以确保获得的调制信号的正实性。对于 ACO-OFDM 信号来说，数据仅在部分子载波上进行调制，频域符号向量 X 由下式给出[25]

$$X =[0,X_1,0,X_3,0,\cdots,X_{N/2-1},0,X_{N/2-1}^*,\cdots,0,X_1^*] \tag{4-1}$$

其中，N 是子载波的数量。为了提高 ACO-OFDM 的频谱效率，LACO-OFDM 分层组合了若干个 ACO-OFDM 信号。其信号发送和接收流程如下[26]。

（1）在发射端，串行的频域信号首先经过串并转换，转换为并行的数据流。在第 1 层中，用 N 点 ACO-OFDM 对信号进行调制，该调制可以产生 $N/4$

个 符 号 ， 这 些 星 座 符 号 被 映 射 到 子 载 波 $X_{2^{l-1}(2k+1)}$ 上 。 其 中 ，
$k=0,1,2,\cdots,N/2^{l+1}-1$ ，其他 $N/2$ 个子载波被设置为 0。在 IFFT，共轭对称连接
之后，获得第 1 层的 ACO-OFDM 信号。依照这种方式，每一层的符号和其共
轭对称信号连接后，未被使用的子载波保持为 0，形成第 1 层 ACO-OFDM 信
号，其时域表示为

$$x_{\text{ACO},n}^{(l)}=\begin{cases} X_i^{(l)}, & n=2^l i+2^{l-1} \\ X_i^{*(l)}, & n=N_l-(2^l i+2^{l-1}) \\ 0, & \text{其他} \end{cases} \tag{4-2}$$

然后将几层信号叠加并作为 LACO-OFDM 信号传输，该信号表示为

$$y_L^{(n)}=\sum_{l=1}^{L} x_{\text{ACO},n}^{(l)} \tag{4-3}$$

其中，L 为层数，$n=1,2,3,\cdots,N$。

（2）对该信号进行偏置和限幅，以适合 LED 的双限幅特性，其可表示为

$$\overline{y}_L^{(n)}=\begin{cases} V_H, & y_L^{(n)}+V_{\text{DC}}\geqslant V_H \\ y_L^{(n)}+V_{\text{DC}}, & V_L<y_L^{(n)}+V_{\text{DC}}<V_H \\ V_L, & y_L^{(n)}+V_{\text{DC}}\leqslant V_L \end{cases} \tag{4-4}$$

其中，V_H 和 V_L 为 LED 近似线性区域的电平上限和下限；V_{DC} 为直流偏置，
用于将信号与 LED 的最合适工作点对齐。

（3）通过 LED 传输该经过限幅的信号，由接收机接收。

（4）在接收机处，逐层接收并恢复经双向限幅的 LACO-OFDM 信号，具
体如下。首先对接收到的信号进行 N 点 FFT 变换。此时，由于上下限幅导致
的失真将在频域显现。接收机首先对第 1 层信号进行恢复，由于第 1 层信号
不会受到下限幅导致的信号畸变的影响，因此可以直接对第 1 层所占据的子
载波未知进行提取处理。然后，将接收端恢复的第 1 层信号进行 IFFT 获得其
时域表示，由于上限幅的影响，该时域表示相对于原第 1 层发射信号会稍有
区别。最后，将第 1 层时域信号进行下限幅，在接收端获得其下限幅畸变值。

（5）在总接收信号中去除第 1 层下限幅畸变的影响，然后对第 2 层信号
进行恢复。并对恢复后的第 2 层信号进行下限幅，获取其下限幅畸变。

（6）依次进行上述步骤，对其他高层信号进行逐层恢复。

4.3　低峰均比叠加 LACO-OFDM 调制设计

根据 LACO 信号的形成原理和各层子载波占用情况，经过 L 层的信号叠加后，仍有部分子载波并未被使用。这里给出一个例子，为简单起见，以 $N=16$ 且 $L=2$ 的 LACO-OFDM 信号为例。两层叠加后信号的频域视图如图 4-1 所示。

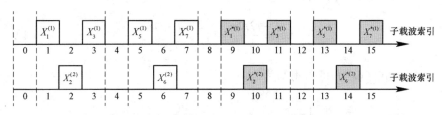

图 4-1　两层叠加后信号的频域视图

从图 4-1 中可以看出，在 $N=16$，$L=2$ 的 LACO-OFDM 信号中，第 4、第 8 和第 12 子载波并不会被使用。一般来说，对于 L 层叠加的 LACO-OFDM，第 L 层 LACO-OFDM 信号占用 $X_{2^{l-1}(2k+1)}$ 子载波。在合成信号中，第 $m2^L$（$m=0,1,\cdots,N/2^L-1$）必为空闲的子载波，在这些子载波上叠加调整信号，对 LACO-OFDM 信号总体并没有影响。因此，我们可以设计一个使用这些子载波的信号叠加后调整 LACO-OFDM 信号的时域幅度。

限幅后的 LACO-OFDM 的一个时域符号可以表示为一个 N 点序列 $Y=\{\overline{y}_L^{(1)},\overline{y}_L^{(2)},\cdots,\overline{y}_L^{(N)}\}$。首先，将该序列分为 $N/2^L$ 组。每组均记为

$$Y_n=\{\overline{y}_L^{(n)},\overline{y}_L^{(n+N/2^L)},\cdots,\overline{y}_L^{(n+iN/2^L)}\} \tag{4-5}$$

其中，$i=0,1,\cdots,2^L-1$；$n=0,1,\cdots,N/2^L-1$。然后定义周期为 $N/2^L$ 的周期信号 s_n。s_n 由以下公式给出

$$s_n=\max(Y)-\max(Y_n) \tag{4-6}$$

其中，$\max()$ 表示取序列的最大值，该信号满足 $s_{n+N/2^L}=s_n$。

最后，生成 SLACO-OFDM 信号，如下所示

$$\tilde{y}_L^{(n)} = \overline{y}_L^{(n)} + s_n \tag{4-7}$$

对于 LACO-OFDM 信号，接收机一般使用连续干扰消除的方法来逐层检测信号。接收机接收到分层叠加信号后，首先对信号进行 FFT，s_n 的 FFT 变换序列 S_i 为

$$\begin{aligned}
S_i &= \frac{1}{\sqrt{N}} \sum_{n=0}^{N-1} s_n \exp\left(\frac{-j2\pi ni}{N}\right) \\
&= \frac{1}{\sqrt{N}} \sum_{n=0}^{N/2^L-1}\left[s_n \exp\left(\frac{-j2\pi ni}{N}\right) \sum_{k=0}^{2^L-1} \exp\left(\frac{-j2\pi ki}{N}\right)\right]
\end{aligned} \tag{4-8}$$

其中，$i = 0,1,\cdots,N-1$，并且

$$\sum_{k=0}^{2^L-1} \exp\left(\frac{-j2\pi ki}{N}\right) = \begin{cases} 2^L, & i = m2^L \\ 0, & 其他 \end{cases} \tag{4-9}$$

然后，式（4-8）可以重写为

$$S_i = \begin{cases} \dfrac{2^L}{\sqrt{N}} \sum_{n=0}^{N/2^L-1} s_n \exp\left(\dfrac{-j2\pi ni}{N}\right), & i = m2^L \\ 0, & 其他 \end{cases} \tag{4-10}$$

根据式(4-10)，s_n 的 N 点 FFT 仅落在未被使用的 $m2^L(m=0,1,\cdots,N/2^L-1)$ 子载波上。因此它不会干扰 LACO-OFDM 的各层有用符号。因此，本研究提出的 SLACO-OFDM 信号可以由标准 LACO-OFDM 接收机直接解码。

图 4-2 给出了 $N=16$ 和 $L=2$ 的 SLACO-OFDM 信号的示例。为清楚起见，暂时忽略信号的直流分量，并对信号振幅值进行归一化。首先，将一个 LACO-OFDM 符号的时域样本分为四组。按照上述方法和式（4-5）、式（4-6）产生 s_n，信号周期为 4。由于 LACO-OFDM 信号必须是正实数，并且 $\max(Y)$ 是整个符号的最大值，因此 s_n 的正实性也可以得到保证。将 s_n 叠加到原始 LACO-OFDM 信号之后，除了包含原始积分符号的最大值所在的组（在本示例中为组 Y_3）之外，其他组的信号幅度将不同程度地增加。每组的最大值将与整个符号的最大值 Y 相同，所有样本的平均值也必然增加。但是，叠加后的信号的整个符号的最大值将保持不变。因此，叠加后的信号的值仍然限制在原始信号的动态范围内。

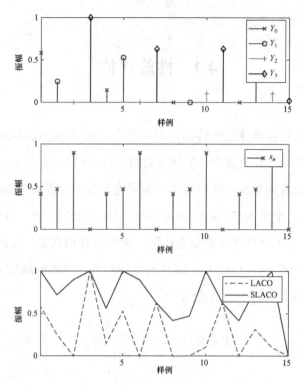

图 4-2　LACO-OFDM 和 SLACO-OFDM 的信号样例

在实际发射机电路中，可以采用 Bias-Tee 电路来调整信号的平均值，以充分利用 LED 的动态范围[28]，其基本结构如图 4-3 所示。在接收机端，可以使用标准 LACO-OFDM 接收机对所发射 SLACO-OFDM 符号进行解码。

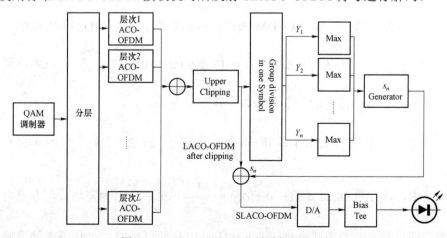

图 4-3　SLACO-OFDM 发射系统基本结构

4.4　性能评估

本节从峰均比降低性能和传输误码率两个方面对 SLACO-OFDM 信号进行仿真评估。仿真条件设置为：子载波的数量为 1 024，使用 16-QAM 调制方式。信道模型设置为加性高斯白噪声。为研究非线性失真情况下信号的性能，考虑了 LED 芯片型号为 Golden DRAGON，ZW W5SG，该 LED 的线性范围为 2.75～4 V。考虑到可见光通信电路中一般均包含均衡器，因此可以采用双限幅非线性模型式（4-4）来描述 LED 的传输特性。离散时域信号 z_n 的 PAPR 定义为信号的最大值与平均值之比[27]

$$\text{PAPR}\,(z_n) = 10\lg\frac{\max|z_n|^2}{E\left[|z_n|^2\right]} \tag{4-11}$$

其中，$E[\,]$ 表示计算平均值。使用互补累积分布函数（complementary cumulative distribution function，CCDF）来评估算法降低 PAPR 的性能，该函数表示 PAPR 超过阈值 PAPR_0 的概率，公式为

$$\text{CCDF} = \Pr\left[\text{PAPR}(z_n) > \text{PAPR}_0\right] \tag{4-12}$$

对于未经处理的 LACO-OFDM 来说，第 l 层信号的均方值可以表示为

$$P_l^{\text{base}} = E\left[\left|X^{(l)}\right|^2\right] = \int_{-\infty}^{+\infty} z^2 g_l(z;\sigma_l)\,\mathrm{d}z \tag{4-13}$$

其中，$g_l(\ )$ 为信号的功率谱函数，其定义为

$$g_l(z;\sigma_l) = \frac{1}{2}\delta(z) + \phi(z;\sigma_l^2)u(z), \quad z \in \mathbb{R} \tag{4-14}$$

其中，$\delta(\ )$ 为 Dirac 函数；$\phi(z;\sigma_l^2) = \dfrac{1}{\sqrt{2\pi}\sigma}\exp\left[-\dfrac{z^2}{2\sigma^2}\right]$ 为零均值，方差为 σ 的高斯白噪声的功率谱函数；$u(\ )$ 为 Heaviside 阶跃函数；σ_l 代表未经限幅

前的 X_l 的方差。因此，式（4-13）可表示为

$$
\begin{aligned}
P_l^{\text{base}} &= \int_{-\infty}^{+\infty} \left[\frac{1}{2} z^2 \delta(z) + z^2 \phi(z; \sigma_l^2) u(z) \right] \mathrm{d}z \\
&= \frac{\sigma_l^2}{2}
\end{aligned}
\tag{4-15}
$$

第 l 层信号的均值和方差分别为

$$
\begin{aligned}
E\left[\left| X^{(l)} \right| \right] &= \int_{-\infty}^{+\infty} z g_l(z; \sigma_l) \, \mathrm{d}z \\
&= \int_{-\infty}^{+\infty} \left[\frac{1}{2} z \delta(z) + z \phi(z; \sigma_l^2) u(z) \right] \mathrm{d}z \\
&= \frac{\sigma_l}{\sqrt{2\pi}} \\
&= \frac{\sigma_l}{2^{l/2} \sqrt{\pi}}
\end{aligned}
\tag{4-16}
$$

$$
\begin{aligned}
D\left[\left| X^{(l)} \right| \right] &= E\left[\left| X^{(l)} \right|^2 \right] - E^2\left[\left| X^{(l)} \right| \right] \\
&= \frac{\sigma_l^2}{2} - \left(\frac{\sigma_l}{\sqrt{2\pi}} \right)^2 \\
&= \frac{\pi - 1}{2\pi} \sigma_l^2 \\
&= \frac{\pi - 1}{2^l \pi} \sigma_l^2
\end{aligned}
\tag{4-17}
$$

由于各层信号在叠加前均是独立的，各层信号之间的协方差为 0，因此叠加信号的均值和方差为

$$
\begin{aligned}
E[y_L] &= \sum_{l=1}^{L} E\left[\left| X_l \right| \right] \\
&= \sum_{l=1}^{L} \frac{\sigma_l}{\sqrt{2\pi}} \\
&= \frac{\sigma_l}{\sqrt{\pi}} \sum_{l=1}^{L} \frac{1}{\sqrt{2}^l} \\
&= \frac{(1 - 2^{-L/2}) \sigma_l}{(\sqrt{2} - 1) \sqrt{\pi}}
\end{aligned}
\tag{4-18}
$$

$$D[y_L] = \sum_{l=1}^{L} D\big[|X_l|\big]$$

$$= \sum_{l=1}^{L} \frac{\pi-1}{2^l \pi} \sigma_l^2$$

$$= \frac{\sigma_l^2(\pi-1)}{\pi} \sum_{l=1}^{L} \frac{1}{2^l} \qquad (4\text{-}19)$$

$$= \frac{\sigma_l^2(\pi-1)}{\pi}\left(1-\frac{1}{2^L}\right)$$

因此，一个 L 层叠加形成的 LACO-OFDM 信号的总功率可以表示为

$$P_L = E\big[y_L^2\big]$$

$$= D[y_L] + E^2[y_L] \qquad (4\text{-}20)$$

$$= \frac{\sigma_l^2}{\pi}\left[\frac{(1-2^{-L/2})^2}{3-2\sqrt{2}} + (\pi-1)\left(1-\frac{1}{2^L}\right)\right]$$

有了信号总功率的公式，则该 LACO-OFDM 的 CCDF 表达式可以表示为

$$\text{CCDF} = \Pr\big[\text{PAPR}(y_L) > \text{PAPR}_0\big]$$

$$= 1 - \Pr\big[\text{PAPR}(y_L) \leqslant \text{PAPR}_0\big]$$

$$= 1 - \Pr\left(\frac{\max_{1\leqslant n\leqslant N-1} y_L(n)}{P_L} \leqslant \text{PAPR}_0\right) \qquad (4\text{-}21)$$

$$= 1 - \Pr\big(y_L(n) \leqslant \sqrt{P_L(\text{PAPR}_0)}, n=0,1,\cdots,N-1\big)$$

由于各层的 ACO-OFDM 信号必须满足 Hermitian 对称性条件，也即 $X_l(n) = X_i^*\left(n+\dfrac{N}{2}\right)$。此时，如果 $X_l(n) > 0$，则其在下限幅时必然不受影响，而其 Hermitian 对称信号必被下限幅到 LED 的传输下限。假设信号是平均随机分布的，其大于 0 的概率为 1/2，且于信号流其他信号独立。因此代入式（4-20）和式（4-21）可以转化为

$$\Pr\big[\text{PAPR}(y_L)\leqslant\text{PAPR}_0\big] = \Pr\big(y_L(i)\leqslant\sqrt{P_L(\text{PAPR}_0)}, y_L(i+N/2)\leqslant\sqrt{P_L(\text{PAPR}_0)}\big)$$

$$= \Pr\big(y_L(i)\leqslant\sqrt{P_L(\text{PAPR}_0)}, y_L(i+N/2)\leqslant\sqrt{P_L(\text{PAPR}_0)}, X_i^l>0\big)$$

$$+ \Pr\big(y_L(i)\leqslant\sqrt{P_L(\text{PAPR}_0)}, y_L(i+N/2)\leqslant\sqrt{P_L(\text{PAPR}_0)}, X_{i+\frac{N}{2}}^l>0\big)$$

$$= 2\left[F_L(\sqrt{P_L(\text{PAPR}_0)}) - \frac{1}{2}\right]$$

$$(4\text{-}22)$$

式中，$F_L(\ )$ 为 LACO-OFDM 信号的累计分布函数。因此

$$\mathrm{CCDF_{LACO}} = 1 - \left[2\int_{-\infty}^{\sqrt{P_L(\mathrm{PAPR_0})}} f_L(y_L)\,\mathrm{d}y_L - 1 \right]^{N/2} \qquad (4\text{-}23)$$

根据上述推导，图 4-4 中画出了未经处理的 LACO-OFDM 和本研究提出 SLACO-OFDM 信号的 CCDF 曲线。为了进行比较，该图还画出了基于 DHT（称为 DHT-OFDM）的 L/E-ACO-SCFDM[34] 的 CCDF 曲线。根据 Zhou 等人[32] 的研究结果，在实际实现中，信号层的数量和系统的复杂性之间需进行权衡。因此，在本研究的仿真中，层数设置为 2、3 和 4。

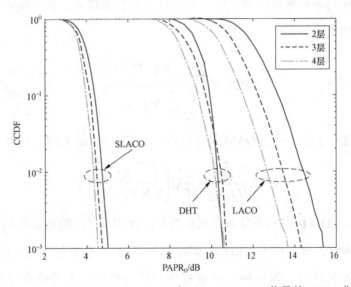

图 4-4　LACO-OFDM、DHT-OFDM 和 SLACO-OFDM 信号的 CCDF 曲线

图 4-4 显示未经处理时，LACO-OFDM 的 PAPR 较高。DHT-OFDM 通过改变变换的方式，可以降低峰均比。此外，SLACO-OFDM 的 CCDF 总体低于 DHT-OFDM 和 LACO-OFDM。例如，在 CCDF 值 10^{-3} 处，SLACO-OFDM 信号的 PAPR 比 LACO-OFDM 信号的 PAPR 低约 9 dB，比 DHT-OFDM 信号的 PAPR 低 6 dB。结果表明，本研究提出的方法比 LACO-OFDM 和 DHT-OFDM 方法具有更好的峰均比抑制性能。此外，对于 LACO-OFDM，多层信号叠加可以降低信号的相关性，也即当层数 L_1 大于 L_2 时

$$F_{L_1}(z) \geqslant F_{L_2}(z) \tag{4-24}$$

根据式（4-22）可知，$\mathrm{Pr}\,[\mathrm{PAPR}(y_L) \leqslant \mathrm{PAPR}_0]$ 将随信号层数增大而增大。因此四层信号叠加的 LACO-OFDM 信号的 PAPR 显著低于两层信号叠加的 LACO-OFDM 的 PAPR。然而，更多层信号叠加对 SLACO-OFDM 的影响却具有正反两个方面。一方面，与 ACO-OFDM 一样，它改善了峰均比；另一方面，s_n 的周期必须更小，这将导致方法调整信号幅度的能力降低。

误码率是 OFDM 调制方法的重要指标之一。假设信道为 AWGN 信道，对于使用 M_l 阶 QAM 调制的 LACO-OFDM 信号来说，其误码率和误符号率由底层信号的误码率和限幅噪声决定。对于分层叠加的信号，整个误码率由各层的加权平均值给出[32]

$$\mathrm{BER} = \frac{\displaystyle\sum_{l=1}^{L} \frac{1}{2^{l+1}} \log_2 M_l \times P_l}{\displaystyle\sum_{l=1}^{L} \frac{1}{2^{l+1}} \log_2 M_l} \tag{4-25}$$

其中，M_l 是第 l 层信号的 QAM 星座阶数；P_l 是第 l 层的 BER，其可表示为[33]

$$P_l = \frac{4(\sqrt{M_l}-1)}{\sqrt{M_l}\log_2 M_l} Q\left(\sqrt{\frac{3\sigma_l^2}{4(M_l-1)N_l}}\right) \tag{4-26}$$

其中，Q() 是标准正态分布的尾部概率；σ_l 是第 l 层的电信号功率；N_l 是噪声的功率谱密度。由于 LED 的双限幅特性，信号振幅将失真。根据 Wang 等人[31]的研究结果，限幅操作可被视为对信号叠加了额外噪声分量。高峰均比的信号更容易受到限幅的影响，这相当于信号含有更多的噪声。因此，式（4-26）中的 N_l 包含高斯白噪声和限幅噪声分量。

图 4-5 显示了四层 LACO-OFDM、DHT-OFDM 和 SLACO-OFDM 的误码率性能。

从图 4-5 中可以看出，在低信噪比（低于 20 dB）条件下，三种信号的误码率几乎相同，这是因为在这种信噪比条件下，限幅操作几乎不影响信号波形。随着信噪比的增加，我们可以看到 SLACO-OFDM 比 LACO-OFDM 和 DHT-OFDM 具有更好的误码率性能，这是因为它具有更低的峰均比，因此其对 LED 非线性的敏感性较弱。然而，当信噪比增加到 33 dB 以上时，非线性噪声将占主导地位，三种信号的误码率又趋于相同。

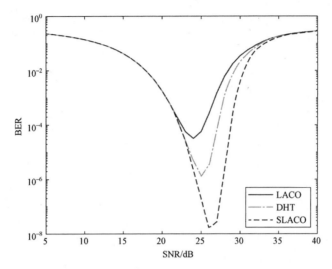

图 4-5　LACO-OFDM、DHT-OFDM 和 SLACO-OFDM 信号的 BER 性能曲线（$L=4$）

4.5　本章小结

本章提出了一种用于分层非对称限幅光正交频分复用（LACO-OFDM）的峰均比（PAPR）降低方法，该方法通过叠加一个经过设计的周期信号来产生叠加 LACO-OFDM（SLACO-OFDM）信号。方法通过将每个 LACO-OFDM 符号的序列分成若干组，并根据每组中的最大值与整个符号的最大值之间的差值来设计周期信号的幅度，选择周期信号的周期以确保其 FFT 结果落在 LACO-OFDM 信号未使用的子载波上。因此，在叠加之后，SLACO-OFDM 信号的峰均功率比得到改善，但是不引入任何额外干扰。本章提出的 SLACO-OFDM 信号，可以由标准 LACO-OFDM 接收机使用典型的连续干扰消除方法进行直接处理。仿真结果表明，该方案比基于原始和离散 Hartley 变换的 LACO-OFDM 信号具有更好的降低峰均比性能。

第 5 章
室内可见光融合照明约束的亮度可调通信技术

5.1　本章引言

针对室内可见光照明约束以及亮度可调性要求，本章提出面向室内可见光融合照明约束的亮度可调通信方法。该方法通过设计负 ACO-OFDM 信号用于功率调节，利用本研究提出的 LACO-OFDM，构建负向多层的 NLACO-OFDM 信号。通过混合正向和负向信号，构建新型 HSLACO-OFDM 信号，实现光亮度可调。仿真结果表明，本研究提出的 HSLACO-OFDM 调制方式在保证较高频谱效率基础上，调光范围较大。

5.2　系统模型

对于 IM/DD 系统，时域信号应该是正实的。通常在频域中满足厄米对称性，以获得时域中的实值信号。对于 ACO-OFDM，仅在奇数子载波上调制数据，其对称性表示为

$$x_n = -x_{n+\frac{N}{2}}, \quad 0 \leqslant n < \frac{N}{2} \tag{5-1}$$

LACO-OFDM 组合了不同层次的 ACO-OFDM 信号。在第 1 层中，只有第 $2^{l-1}(2k+1)$ $(0 < k < N/2^l)$ 层子载波被调制，它们被表示为 $X_{2k+1}^{(l)}$ $(0 \leqslant k < N/2^{l-1})$。因此，在第一层中，仅调制奇数子载波；在更高层 $(l = 2,3,\cdots,L)$ 中，仅调制偶数子载波。奇数和偶数载波调制都会导致符号相反的时域反对称。因此，可以应用非对称限幅策略。第 l 层的时域限幅只落在第 $2^l k$ $(0 \leqslant k < N/2^l)$ 层子载波。

因此，使用上一张所述方法，可以通过叠加一个经过设计的周期信号来产生叠加 LACO-OFDM（SLACO-OFDM）信号。在叠加之后，SLACO-OFDM

信号的峰均功率比得到改善，但是不引入任何额外干扰。

根据式（5-1），信号的正部分也可以被限幅，由于对称性，原信息可以被很好地保留，从而产生负的 ACO-OFDM（NACO-OFDM）信号，表达式为

$$x_{\text{NACO},n} = \begin{cases} 0, & x_n > 0 \\ x_n, & x_n \leq 0 \end{cases} \tag{5-2}$$

在频域中，NACO-OFDM 信号 $X_{\text{NACO},k}$ 和 ACO-OFDM 信号 $X_{\text{ACO},k}$ 的组合就是原始信号，当 k 为偶数时，由下式给出

$$X_{\text{NACO},k} + X_{\text{ACO},k} = X_k \tag{5-3}$$

此时，根据对称性，$X_{\text{NACO},k}$ 和 X_k 的关系可以表示为

$$X_{\text{NACO},k} = \frac{X_k}{2}, \text{当 } k \text{ 为偶数} \tag{5-4}$$

因此，对于奇数子载波，NACO-OFDM 信号在频域中与 ACO-OFDM 信号相同。

与 SLACO-OFDM 类似，NSLASCO-OFDM 将 NACO-OFDM 代替 ACO-OFDM 用于每一层。对于第 l 层，在第 $2^{l-1}(2k+1)$ 个子载波上调制信息数据。时域信号的正部分被直接限幅，产生 $x_{\text{NACO},n}^{(l)}$。NSLACO-OFDM 信号由来自各层的信号与调整信号叠加而成，形成方式为

$$z_{\text{SL}} = \sum_{l=1}^{L} x_{\text{NACO},n}^{(l)} + s_n \tag{5-5}$$

2～4 层 SLACO-OFDM/NSLACO-OFDM 信号的波形如图 5-1 所示。

根据式（5-4），显然 NACO-OFDM 的解调类似于传统的 ACO-OFDM。因此，解调 LACO-OFDM 信号的方法也可以直接应用于 NSLACO-OFDM。

根据中心极限定理，第 1 层时域中的 ACO-OFDM 信号服从限幅高斯分布，可表示为

$$f_{x_{\text{ACO}}^{(l)}}(w) = \frac{1}{\sqrt{2\pi}\sigma_l}\exp\left(\frac{-w^2}{2\sigma_l^2}\right)u(-w) + \frac{1}{2}\delta(w) \tag{5-6}$$

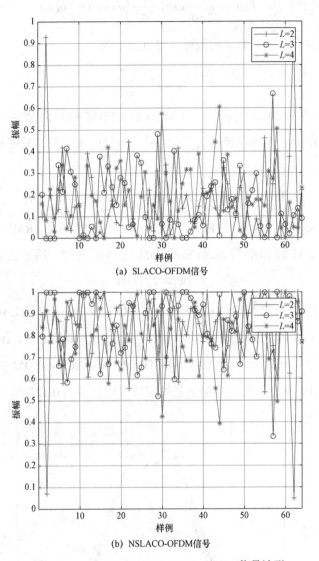

(a) SLACO-OFDM信号

(b) NSLACO-OFDM信号

图 5-1　SLACO-OFDM/NSLACO-OFDM 信号波形

其中，σ_l 表示第 l 层中未限幅信号的均方根（RMS）；$\delta(w)$ 是狄拉克函数；$u(w)$ 是单位阶跃函数。经过限幅后的信号的平均振幅可表示为

$$E\left(x_{\mathrm{ACO},n}^{(l)}\right)=\frac{\sigma_l}{\sqrt{2\pi}} \tag{5-7}$$

类似地，NACO-OFDM 信号的 PDF 可表示为

$$f_{x_{\text{NACO}}^{(l)}}(w) = \frac{1}{\sqrt{2\pi}\sigma_l}\exp\left(\frac{-w^2}{2\sigma_l^2}\right)u(-w) + \frac{1}{2}\delta(w) \tag{5-8}$$

NACO-OFDM 信号的平均振幅也可以表示为

$$E\left(x_{\text{NACO},n}^{(l)}\right) = -\frac{\sigma_l}{\sqrt{2\pi}} \tag{5-9}$$

根据式（5-5）中的关系，L 层 SLACO-OFDM 信号的 PDF 可以通过每层的 ACO-OFDM 信号和调整信号的 PDF 卷积后来获得，这是由以下公式给出的

$$f_{y_L}(w) = f_{x_{\text{ACO}}^{(1)}}(w) \otimes f_{x_{\text{ACO}}^{(2)}}(w) \otimes \cdots \otimes f_{x_{\text{ACO}}^{(L)}}(w) \otimes f_s(w) \tag{5-10}$$

其中，$\otimes$ 表示卷积运算符。类似地，在相同的 RMS 条件下，NSLACO-OFDM 的 PDF 与 SLACO-OFDM 的 PDF 对称，后者表示为

$$f_{z_L}(w) = f_{y_L}(-w) \tag{5-11}$$

图 5-2 展示了 3 层 SLACO-OFDM/NSLACO-OFDM 和 4 层 LACO-OFDM/NSLACO-OFDM 的 PDF 图形，其中，$\sigma_1 = 0.25$，$\sigma_2 = 0.25/\sqrt{2}$，$\sigma_3 = 0.25/2$，$\sigma_4 = 0.25/2\sqrt{2}$。可以看到，SLACO-OFDM 和 NSLACO-OFDM 的 PDF 是对称的，三层和四层方案的由叠加引起的零值概率分别为 0.125 和 0.062 5。

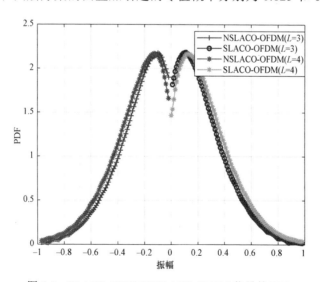

图 5-2　SLACO-OFDM/NSLACO-OFDM 信号的 PDF

5.3　带调光控制的 HSLACO-OFDM

调光控制是可见光通信系统适应不同室内照明要求的基本需求，也是可见光通信系统与其他室内无线通信系统的最大区别。对于信号 s_n，光功率取决于 $E[s_n]$。因此，可以通过调整平均振幅（表示为 I_D）来实现调光控制。可见光通信系统面临的主要挑战之一是 LED 的固有非线性。在有限范围内，LED 的传输特性可以是近似线性的。因此，假设时域信号的受限动态范围为 $[I_L, I_H]$。可以将调光级别定义为

$$\eta = \frac{I_D - I_L}{I_H - I_L} \qquad (5\text{-}12)$$

由于 I_D 在 $[I_L, I_H]$ 范围内，因此调光水平 η 的范围为从 0 到 1。

本研究所提出的 HSLACO-OFDM 结合了 SLACO-OFDM 和 NSLACO-OFDM，通过改变两种信号所占的比例可以改变通信照明灯的亮度，以满足照明需求。系统中的数据被划分为不同的层，如图 5-3 所示。然后，通常采用正交振幅调制和 Hermitian 对称的星座映射。在 IFFT 操作之后，根据预先设定的比例，负部分和正部分被限幅，并叠加调整信号以分别生成 SLACO-OFDM 和 NSLACO-OFDM 信号。调光控制单元控制比例因子和两个信号的比例，以获得特定的亮度水平。然后，这两种信号通过时分复用进行混合传输。

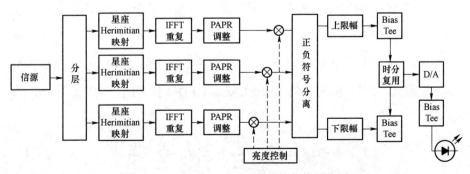

图 5-3　HSLACO-OFDM 系统接收机结构图

图 5-3 给出了 HSLACO-OFDM 系统的接收机结构图。接收到的数据经过光电转换处理后，首先进行 FFT 变换。然后，对于每个 OFDM 符号，根据其 0 子载波的直流偏置值，来确定其属于 SLACO-OFDM 或是 NSLACO-OFDM 信号。接下来，估计第一层 ACO-OFDM/NACO-OFDM 信号。然后，执行 IFFT 操作以生成时域信号。之后，同发射操作类似，根据 ACO-OFDM/NACO-OFDM，分别对负或正部分进行限幅，并执行下一次 FFT 操作，用以计算出频域中的限幅实战，记为 $C^{(1)}$。最后，从整个信号中减去失真，剩余信号 $R^{(1)}$ 可用于进一步估计第 2 个 ACO-OFDM/NACO-OFDM 信号。上述解调处理可以顺序地执行，直到估计所有 L 层的信号为止。

在 L 层 SLACO-OFDM 中，发射机处的计算复杂度为 $(2-1/2^{L-1})O(N\log_2(N))$，接收机处的计算复杂度为 $(5-1/2^{L-3})O(N\log_2(N))$。而 NSLACO-OFDM 具有与 LACO-OFDM 相同的复杂度，唯一考虑到的区别是限幅时信号的极性。因此，HSLACO-OFDM 也具有与 SLACO-OFDM 相同的计算复杂度。此外，HSLACO-OFDM 接收机的硬件复杂度仅为传统 ACO-OFDM 的两倍，因为可以重用相同的 N 点 FFT/IFFT 块。

为确保大多数信号处于 LED 的线性范围内且动态范围得到充分利用，与上一章所述类似，可以向 L 层 SLACO-OFDM 和 NSLACO-OFDM 信号添加适当的直流偏置，其大小由下式给出

$$I_y = I_L + y_L$$
$$I_z = I_H + z_L \tag{5-13}$$

在 HSLACO-OFDM 方案中，I_y 用于低亮度照明要求，而 I_z 用于实现高亮度水平。对于中间亮度水平，通过将 I_y 和 I_z 信号混合在一起，其中 I_z 的比例假定为 α，则 I_y 占据整个信号的 $(1-\alpha)$，这就是本研究提出的 HSLACO-OFDM 方案。根据式（5-7）和式（5-9），HSLACO-OFDM 信号的平均振幅可以近似地认为

$$I_D = (1-\alpha)\left(I_L + \sum_{l=1}^{L}\frac{\sigma_l}{\sqrt{2\pi}}\right) + \alpha\left(I_H - \sum_{l=1}^{L}\frac{\sigma_l}{\sqrt{2\pi}}\right) \tag{5-14}$$

混合传输的 HSLACO-OFDM 信号波形如图 5-4 所示，其中 α 设置为 0.4，

并且子载波数是 64。假设 $I_L = 0.1$，$I_H = 0.9$ 且 $I_D = 0.5$。

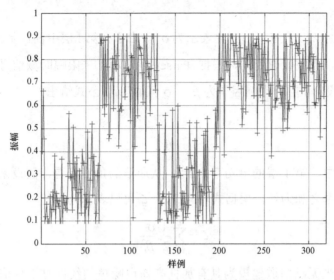

图 5-4 HSLACO-OFDM 信号波形图

对于可见光无线传输，必须对 I_y 和 I_z 信号进行电光转换，传输的信号可以表示为

$$s = \begin{cases} I_L, & I_O \leqslant I_L \\ I_O, & \text{其他} \\ I_H, & I_O \geqslant I_H \end{cases} \tag{5-15}$$

其中，I_O 是输出信号，表示基于传输信号类型的 I_y 或 I_z。具有 L 层的 SLACO-OFDM 和 NSLACO-OFDM 的削波概率可计算为

$$
\begin{aligned}
P(I_y > I_H) &= P(y_L > I_H - I_L) \\
&= \int_{I_H - I_L}^{+\infty} f_{y_L}(w)\,\mathrm{d}w \\
P(I_z < I_L) &= P(z_L < I_L - I_H) \\
&= \int_{-\infty}^{I_L - I_H} f_{z_L}(w)\,\mathrm{d}w \\
&= \int_{-\infty}^{I_L - I_H} f_{y_L}(-w)\,\mathrm{d}w \\
&= \int_{I_H - I_L}^{+\infty} f_{y_L}(w)\,\mathrm{d}w \\
&= P(I_y > I_H)
\end{aligned}
\tag{5-16}
$$

在 σ_l 相同的情况下，SLACO-OFDM 和 NSLACO-OFDM 信号具有相同的限幅概率。

复值符号 $X_k^{(l)}$ 的方差归一化表示为 σ^2。由于在第 1 层中仅调制 $N/2^l$ 个子载波，其余子载波设置为 0，根据 Parseval 定理，未限幅时域信号的方差为 $\sigma^2/2^l$。假设第 1 层的比例因子为 β_l，σ_l 可由以下公式给出

$$\sigma_l = \frac{\sigma}{\beta_l 2^{\frac{l}{2}}} \tag{5-17}$$

在频域中，第 1 层的电功率为 σ_l^2。从通信的角度来看，假设来自所有层的频域电功率之和为 ζ。根据式（5-17），ζ 可以表示为

$$\zeta = \sum_{l=1}^{L} \frac{1}{2^l} \frac{\sigma^2}{\beta_l^2} \tag{5-18}$$

通常将光无线信道建模为具有加性高斯白噪声的线性时不变信道。应当注意，与 DO-OFDM 中的直流偏置一样，HSLACO-OFDM 中的 I_L 和 I_H 不携带任何信息，因此这些偏置是专门用于满足有限的动态范围和期望的调光水平。在 SLACO-OFDM 系统中，限幅噪声的影响很难通过概率分布函数分析来计算。为简单起见，该效应由噪声放大因子 a 来近似表示，该因子与限幅比有关。可根据式（5-16）通过数值计算的方式来计算限幅概率，在实际场景中，限幅概率可能很小。因此，可以忽略限幅效应，并且在 AWGN 信道下，HSLACO-OFDM 和 DO-OFDM 可实现速率可以用下式来估计

$$C = \sum_{l=1}^{L} \frac{W}{2^{l+1}} \log_2(1+\mathrm{SNR}_l)$$
$$= \sum_{l=1}^{L} \frac{W}{2^{l+1}} \log_2\left(1+\frac{\sigma^2[H(f)]^2}{a\beta_l^2\sigma_N^2}\right) \tag{5-19}$$

其中，$H(f)$ 表示频域中的信道频率响应；σ_N^2 表示噪声功率；W 表示整个带宽。$H(f)$ 在有效频带内是常数。为不失一般性，在本研究中，将其设置为 $H(f)=1$。在电功率的约束下，不同的功率分配将导致 HSLACO-OFDM 具有的不同性能。最优的功率分布可以以最高通信速率为目标，用拉格朗日乘

法获得。其定义式为

$$L\left(\beta_1,\cdots,\beta_L,\lambda\right)=\sum_{l=1}^{L}\frac{W}{2^{l+1}}\log_2\left(1+\frac{\sigma^2}{a\beta_l^2\sigma_N^2}\right)-\lambda\cdot\left(\sum_{l=1}^{L}\frac{1}{2^l}\frac{\sigma^2}{\beta_l^2}-\zeta\right)\qquad(5\text{-}20)$$

拉格朗日函数的偏导数计算如下

$$\frac{\partial L\left(\beta_1,\cdots,\beta_L,\lambda\right)}{\partial\beta_l}=\frac{W}{2^{l+1}\ln 2}\frac{\dfrac{-2\sigma^2}{a\sigma_N^2\beta_1^3}}{1+\dfrac{\sigma^2}{a\beta_l^2\sigma_N^2}}-\lambda\frac{1}{2^l}\frac{-2\sigma^2}{\beta_l^3}\qquad(5\text{-}21)$$

通过将式（5-21）设定为 0，可以获得最优光功率分配为

$$\beta_l=\sqrt{\frac{2\lambda\sigma^2\ln 2}{W-2\lambda a\sigma_N^2\ln 2}}\qquad(5\text{-}22)$$

拉格朗日乘数 λ 可以根据式（5-22）和式（5-18）来计算，方法为

$$\lambda=\frac{1}{2\ln 2}\frac{\left(2^L-1\right)W}{2^L\zeta+\left(2^L-1\right)a\sigma_N^2}\qquad(5\text{-}23)$$

对于不同的 l，参数 λ、W、σ 和 σ_N 完全相同。因此，不同层的比例因子应该相等，即 $\beta_1=\beta_2=\cdots=\beta_L$。随着层数的增加，式（5-19）中的项数将增加。虽然层数越多，频谱效率越高，但由于总功率的限制，分配到每一层的功率会降低。因此，必须进行权衡以确定最佳层数。

5.4　HSLACO-OFDM 调光照明约束

根据上述问题，通过调整各种系数组合可以实现所需的调光级别。此外考虑到通信需求，系数还应满足以下要求。

首先，LED 线性动态范围限制引起的限幅噪声会降低传输性能。因此，限幅比应足够小，即

$$P\left(I_y>I_H\right)=P\left(I_z<I_L\right)\leqslant\gamma\qquad(5\text{-}24)$$

其中，γ 表示时域信号的最大限幅比。

其次，假设功率平均分配给每个子载波，并且基于上述分析，不同层的比例因子应该相同，即

$$\beta_1 = \beta_2 = \cdots = \beta_L = \beta \qquad (5\text{-}25)$$

此外，误码率性能对于评估通信能力非常重要。整个信号的误码率可以通过将每一层的误码率与比特率结合起来来获得，由下式给出

$$P_b = \frac{\sum_{l=1}^{L} \frac{1}{2^1+1} \log_2 M_l \times P_{b,l}}{\sum_{l=1}^{L} \frac{1}{2^2+1} \log_2 M_l} \qquad (5\text{-}26)$$

其中，M_l 是第 l 层的 QAM 的星座阶数；$P_{b,l}$ 是第 l 层的误码率，估计方法为

$$P_{b,l} = \frac{4\left(\sqrt{M_l}-1\right)}{\sqrt{M_l}\log_2 M_l} Q\left(\sqrt{\frac{3}{M_l-1}\frac{\sigma^2}{4N_0\beta_l^2}}\right) \qquad (5\text{-}27)$$

其中，N_0 表示噪声的功率谱密度。虽然各层的误码率性能不同，但总体误码率性能应满足目标误码率。因此，HSLACO-OFDM 的约束可以在数学上表示为

$$P_b \leqslant \`o \qquad (5\text{-}28)$$

其中，$\`o$ 表示目标误码率。

式（5-28）为 HSLACO-OFDM 提供了约束条件，这些约束条件可用于确定系数和期望的调光水平。然而，在考虑照明约束条件下，很难解析求解优化问题。在实际中，该问题可用数值方法求解。

基于上述约束，I_D 可重写为

$$I_D = (1-\alpha)\left(I_L + \frac{1}{\beta}\sum_{l=1}^{L}\frac{\sigma}{\sqrt{2\pi}2^{l/2}}\right) + \alpha\left(I_H - \frac{1}{\beta}\sum_{l=1}^{L}\frac{\sigma}{\sqrt{2\pi}2^{l/2}}\right)$$
$$= (1-\alpha)\left(I_L + \frac{b}{\beta}\right) + \alpha\left(I_H - \frac{b}{\beta}\right) \qquad (5\text{-}29)$$

其中

$$b = \sum_{l=1}^{L}\frac{\sigma}{\sqrt{2\pi}2^{l/2}} \qquad (5\text{-}30)$$

在上面的分析中不考虑调光约束,以实现速率最大化为目标,SLACO-OFDM/NSLACO-OFDM 最佳功率分配为等功率分配。下面,考虑满足调光约束情况下的优化问题。对于低亮度要求,α 设置为 0,这意味着仅使用 LACO-OFDM 信号。在此范围内,通过调整比例因子 β 实现调光控制。可以得出如下公式

$$\beta = \frac{b}{\eta(I_H - I_L)} \qquad (5\text{-}31)$$

类似地,对于高调光要求,仅使用 NLACO-OFDM 信号,即 $\alpha = 1$。可通过以下方式获得比例因子

$$\beta = \frac{b}{(1-\eta)(I_H - I_L)} \qquad (5\text{-}32)$$

对于中等照明水平,可改变 α 以满足调光要求。在这种情况下,β 保持稳定,其值记为 β_0。该值为满足约束式(5-24)条件的 β 的最小值。通过将 $\alpha = 0$ 和 $\alpha = 1$ 代入式(5-29),可以得到 I_D 分别为 $I_L + I_0$ 和 $I_H - I_0$。其中,$I_0 = b/\beta_0$。此外,相应的调光等级由下式给出

$$\begin{aligned} \eta_{\min} &= \frac{I_0}{I_H - I_L} \\ \eta_{\max} &= \frac{I_H - I_L - I_0}{I_H - I_L} \end{aligned} \qquad (5\text{-}33)$$

在这个调光级别范围内(从 $\eta_{\min}$ 到 $\eta_{\max}$),β 是固定的,而 α 为可调的。综上所述,对于给定的亮度级别 η,可以根据以下规则选择系数 α 和 β

$$\alpha = \begin{cases} 0, & \eta < \eta_{\min} \\ \dfrac{\eta(I_B - I_L) - I_0}{I_H - I_L - 2I_0}, & \eta_{\min} \leq \eta \leq \eta_{\max} \\ 1, & \eta > \eta_{\max} \end{cases}$$

$$\beta = \begin{cases} \dfrac{b}{\eta(I_{H-1} - 1_L)}, & \eta < \eta_{\min} \\ \beta_0, & \eta_{\min} \leq \eta \leq \eta_{\max} \\ \dfrac{b}{(1-\eta)(I_B - I_L)}, & \eta > \eta_{\max} \end{cases} \qquad (5\text{-}34)$$

5.5 仿真结果

本节进行仿真以评估所提出的 HSLACO-OFDM 的性能。在本节的仿真中，LED 动态范围经过归一化后，设置为[0,1]。

图 5-5 给出了 2 层 HSLACO-OFDM、LACO-OFDM 信号的频谱效率(C/W)与调光系数的关系图。其中，噪声功率被设置为 $\sigma_N^2 = -10$ dBm，限幅比为 0.003，且 $\alpha = 1.001$。LACO-OFDM 根据各组中正负信号的不同组合，具有四种可能的情况。在图中分别用正负号进行表示，＋表示对应的层使用正的 ACO-OFDM 进行合成，－表示对应的层使用负的 ACO-OFDM 进行合成。

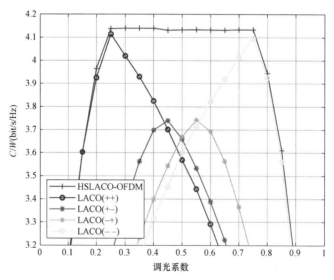

图 5-5 HSLACO-OFDM、LACO-OFDM 信号 C/W 与调光系数的关系图

从图 5-5 中可以看到，当调光系数小于 0.3 时，HSLACO-OFDM 系统可达到的速率与＋＋（第一层和第二层信号均为正）的 LACO-OFDM 信号相似。这是由于在低调光系数情况下，α 的值接近为 0。在这种情况下，HSLACO-OFDM 和 LACO-OFDM 基本上是一样的。同样道理，当调光系数大

于 0.8 时，α 的值接近为 1，此时 HSLACO-OFDM 的性能与--（第一层和第二层信号均为负）的 LACO-OFDM 信号的性能相似，其 PDF 与增加直流偏置前 LACO-OFDM 相同。对于其他中等调光水平，HSLACO-OFDM 明显优于传统的 LACO-OFDM。灯光亮度可以通过改变 I_z（即 α 的比例）进行调整，由于 PDF 的对称性，不会影响可达到的速率。然而，LACO-OFDM 并没有充分利用 LED 的动态范围，导致 LACO-OFDM 可实现的最高速率是不稳定的，因此并不适合数据传输。还值得一提的是，根据式（5-5）和式（5-34），HSLACO-OFDM 的解调与 α 无关，这使得本研究所提出方案的检测和解调过程与 LACO-OFDM 的检测和解调过程更简单。

根据式（5-19），图 5-6 展示了在调光水平设置为 0.5 的不同层中 HSLACO-OFDM 的 C/W 随 $1/\alpha\sigma_N^2$ 变化的规律。

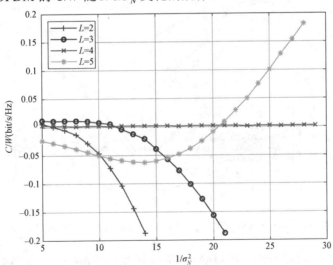

图 5-6 不同层数的 HSLACO-OFDM 的 C/W 与 $1/\alpha\sigma_N^2$ 的关系图（$I_D = 0.5$）

在图 5-6 中，4 层的 HSLACO-OFDM 做为比较的基准，其中限幅系数 $\gamma = 0.002$。可以看出，随着 $1/\sigma_N^2$ 的增加，能够达到最高可达速率的最优层数从 2 增加到 4。当 $1/\sigma_N^2$ 介于 5 dB 和 10 dB 之间时，2 层 HSLACO-OFDM 具有最大的可达速率，而 4 层 HSLACO-OFDM 则适用于 $1/\sigma_N^2$ 大于 20 dB 的低噪声功率情况。为了获得所需的限幅比率，层数较多的 HSLACO-OFDM 需要较大的比例因子，这将降低每层的可达速率。对于低噪声功率场景，缩放因子的影响小于层数对性能的影响，因此层数较多的 HSLACO-OFDM 更适合这种场景。相反，层数较少的 HSLACO-OFDM 适合噪声比较强的情况，因为在这种情况下，比例因子主导了系统的可达速率。

图 5-7 比较了 4 层 HSLACO-OFDM 和 LACO-OFDM 采用 16QAM、32QAM 和 64QAM 调制方式时的误码率性能。仿真中，噪声功率设置为 −5 dBm，平均振幅调整为 0.5。对于 HSLACO-OFDM，α 的值为 0.5，信号的 DC 幅度根据动态范围进行自适应调整。

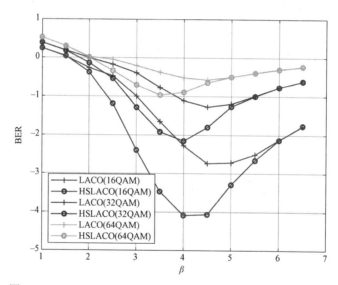

图 5-7　HSLACO-OFDM 与 LACO-OFDM 的误码率性能比较图

从图 5-7 中可以看出，在 QAM 调制阶数相同的前提下，误码率性能随比例因子 β 的变化而变化。当 β 从 1 到 8 变化时，误码率先减小后增大。首先，限幅噪声随着 β 的增大而减小，导致有用信号功率相对增大，从而导致误码率降低。当比例因子 β 足够大时，限幅噪声的影响可以忽略。然而，当比例因子继续上升时，信号功率将降低，这将降低信号的误码率性能。从结果中可以看出，与 LACO-OFDM 相比，在模拟参数相同的情况下，所提出的 HSLACO-OFDM 信号具有更好的误码率性能。

HSLACO-OFDM 不同调光系数对应的频谱效率进行仿真，其中调制方式分别为 4QAM、16QAM、32QAM、64QAM 和 256QAM。误码率目标设置为 2×10^{-3}，限幅因子设置为 $\gamma = 0.003$。HSLACO-OFDM、LACO-OFDM 和 DCO-OFDM 的频谱效率仿真结果如图 5-8、图 5-9 所示，其中噪声功率分别为 -15 dBm 和 -5 dBm。图中还给出了 4 层 LACO-OFDM 和 DCO-OFDM 的性能，以供比较。LACO-OFDM 和 DCO-OFDM 的频谱效率定义为

$$S_E = \sum_{l=1}^{L} \frac{1}{2^{l+1}} \log_2(M_l) \tag{5-35}$$

从图 5-8、图 5-9 中可以看出，在相同层数的情况下，对于中间调光级别，所提出的方案可以实现比传统的 DCO-OFDM 更高的频谱效率，这与上文关于速率的讨论是一致的。与 4 层 LACO-OFDM 相比，4 层 HSLACO-OFDM 的频谱效率提高了约 0.2 bit/s/Hz。当 $\eta = 0.5$ 时，HSLACO-OFDM 比其他方案具有更高的频谱效率，因为它占用更多的子载波。在这种情况下，直流偏置被精确地设置为 $(I_L + I_H)/2$，并且可以充分利用动态范围。因此，HSLACO-OFDM 由于充分利用了动态范围，其频谱效率相对于 LACO-OFDM 和 DCO-OFDM 信号更优。

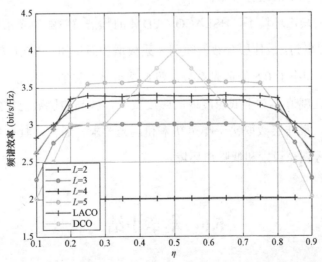

图 5-8　HSLACO-OFDM 与 LACO-OFDM 和 DCO-OFDM 的
频谱效率性能比较图（噪声功率 -15 dBm）

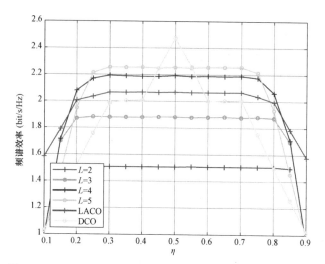

图 5-9　HSLACO-OFDM 与 LACO-OFDM 和 DCO-OFDM 的
频谱效率性能比较图（噪声功率 − 5 dBm）

对于 HSLACO-OFDM，最佳叠加层数随噪声功率和调光系数的变化而变化。对于中等亮度的调光等级，如图 5-8 所示，5 层 HSLACO-OFDM 可以获得最高的频谱效率，并且噪声功率较小。在高噪声功率条件下，4 层和 5 层 HSLACO-OFDM 的性能相近，而 5 层方案的计算复杂度较高。因此，4 层是该噪声功率条件下的最佳方案。

在相同的噪声环境下，HSLACO-OFDM 的频谱效率随调光系数的变化而变化。可以观察到，最佳层个数值随调光系数增加而增加（从 0.1 增加到 0.5）。对于大于 0.5 和小于 0.5 的调光系数，仿真结果是对称的。因此，较高的层数更适合中间亮度值。对于低照度或高照度要求，较高的层数会导致光谱效率较低。因此，最佳层数取决于噪声功率和调光要求。通常，具有更多层的方案适用于中等调光级别和低噪声环境。

5.6　本章小结

为了实现可见光通信的调光控制和数据通信相结合，本章基于本研究提出的 SLACO-OFDM 提出了一种新型 HSLACO-OFDM 信号。通过将 LACO-OFDM 和 NLACO-OFDM 信号相结合，充分利用了 LED 整个动态范围，其中两个信号的比例可调，以达到所需的亮度。解调类似于先前的 LACO-OFDM。由于 HSLACO-OFDM 具有较高的功率效率，因此可以获得较宽的光照亮度可调范围和相对稳定的最高速率。此外，仿真结果表明，该方案在频谱利用率上也比其他常用 OFDM 方案高。最佳层数的分配随噪声功率和调光级别而变化。因此，在实践中，噪声功率、调光水平以及计算复杂性都必须考虑在内。

第 6 章
基于阵列光强差和到达时差联合
计算的可见光室内定位方法

6.1　本章引言

针对 TDOA 和 RSS 在可见光定位系统中联合运用的问题，本章提出了基于阵列光强差和到达时差联合计算的可见光室内高精度定位方法。该方法同时利用时差和强度差信息进行室内定位，推导了用于此类系统中位置估计的 CRLB 表达式。基于此，得到了可见光接收机位置的最大似然估计方法；提出了一种利用基准接收器实现差分 RSS 的强度差分估计方法，用于联合算法中的信号强度估计。仿真结果表明，本研究所提的算法在定位精度和稳定性方面优于单独使用光强和时差定位的方法。

6.2　基于光强度的定位模型

基于光强度的定位系统的原理是利用接收机感知光强度来估计接收机与光源的相对未知。在常见的系统里，定位系统的发射器由多个 LED 组成阵列同步发射各自的信息码。当接收机接收三个 LED 的光信号时，每个 LED 的信号强度可以根据每个 LED 的信息码分别进行测量。

根据 Lambertian 辐射模型，LED 和接收机之间的通道增益可表示为

$$H(0) = \frac{(m+1)A\cos^m(\varphi)\cos(\theta)}{2\pi d^2} \tag{6-1}$$

其中，φ 是 LED 到接收机之间的辐射角；d 是 LED 和接收机之间的距离；A 是接收机光探测器的有效面积；θ 是入射到接收机探测器接收表面的光的角度。$\varphi_{1/2}$ 是 LED 到接收机之间的半功率角 $m = -\ln 2 / \ln(\cos\varphi_{1/2})$，接收器的接收功率可表示为

$$P = P_0 \frac{(m+1)A\cos^m(\varphi)\cos(\theta)}{2\pi d^2} = P_0 \frac{(m+1)Ah^{(m+1)}}{2\pi d^{(m+3)}} \tag{6-2}$$

其中，P_0 是的光功率；h 是接收机和 LED 之间的垂直距离。因此，从接收机到 LED1 的距离可以表示为

$$d = \sqrt{\frac{P_0}{P_1}\left[\frac{(m+1)Ah^{(m+1)}}{2\pi}\right]} \qquad (6\text{-}3)$$

其中，h 是一个已知常数。类似地，也可以表示接收机到 LED2 或 LED3 的距离。此外，LED 和接收器之间的投影距离 r_1, r_2, r_3 可以利用如下公式逐个求得

$$r = \sqrt{d^2 - h^2} \qquad (6\text{-}4)$$

因此，可以获得每个 LED 和接收机之间的距离。假设 LED 的坐标为 $(X_1, Y_1), (X_2, Y_2), (X_3, Y_3)$，接收机的坐标可利用如下公式求得

$$\begin{cases} (x-X_1)^2 + (y-Y_1)^2 = r_1^2 \\ (x-X_2)^2 + (y-Y_2)^2 = r_2^2 \\ (x-X_3)^2 + (y-Y_3)^2 = r_3^2 \end{cases} \qquad (6\text{-}5)$$

式（6-3）～式（6-5）表明，基于光强度的定位方法可以根据接收器接收每个 LED 的接收功率来确定接收机的位置。但是事实上，由于实际光源的光强度有自发的不稳定性，该光强度在实际中很难准确测量。如果考虑光源的亮度在不断变换，可以使用不同接收机的接收光强度差分方法来获取光强关系，其方法如下。

设接收器和不同 LED 之间的距离为 $d_1, d_2, \cdots, d_N$，可以得到

$$\begin{cases} d_1 = \sqrt{\frac{P_0}{P_1}\left(\frac{(m+1)Ah^{(m+1)}}{2\pi}\right)} \\ d_2 = \sqrt{\frac{P_0}{P_1}\left(\frac{(m+1)Ah^{(m+1)}}{2\pi}\right)} \\ \cdots \\ d_N = \sqrt{\frac{P_0}{P_1}\left(\frac{(m+1)Ah^{(m+1)}}{2\pi}\right)} \end{cases} \qquad (6\text{-}6)$$

进而得到

$$\frac{d_1}{d_N} = \sqrt{\frac{P_1}{P_N}} \qquad (6\text{-}7)$$

探测器之间的相对位置可以通过测量不同 LED 之间的相对强度值的差异

来获得，因此可以有

$$
\begin{cases}
(x - X_1) + (y - Y_1)^2 = r_1^2 \\
\quad \cdots \\
(x - X_N)^2 + (y - Y_N)^2 = r_N^2 \\
r_1 : r_2 \approx \sqrt{\dfrac{P_1}{P_2}} \\
\quad \cdots \\
r_1 : r_N \approx \sqrt{\dfrac{P_1}{P_N}}
\end{cases}
\tag{6-8}
$$

其中，(X_1, Y_1) 是 LED1 在测量平面上的投影坐标。接收机的位置可以通过求解式（6-8）得到。然而，光源光强的波动将导致计算位置的不稳定性。一般认为，背景噪声对可见光通信和定位的影响很弱。因此，LED 功率波动引起的定位不稳定将成为制约定位性能的主要因素。

实际上，LED 的功率并不是恒定的。为了解 LED 光强的波动情况，我们在一段时间内测量了某个常用照明 LED 的光亮度值，LED 的平均功率为 1 W，实验使用的接收器为 S3884，LED 和接收器之间的高度为 1.5 m，距离为 1 m，发射角 60°。两个相邻测量点之间的间隔为 3 s。

图 6-1 显示了从 LED 接收到的照度随时间随机的变化，波动幅度达到平

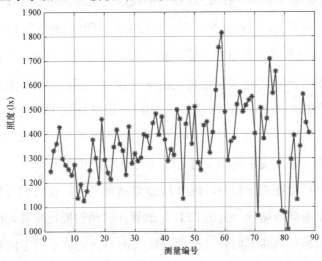

图 6-1 LED 亮度值变化

均值的 20%左右。从上节中的定位模型可以看出，LED 光亮度的波动将导致定位产生同比例的误差。

6.3 基于光到达时差的定位模型

在基于光到达时差测量的可见光定位系统中，基于 LED 的照明灯和基于光电探测器的接收器用于在室内环境中定位目标。LED 灯放置在房间天花板的不同位置，基于光电探测器的接收器放置在目标物体上。每个 LED 灯发射一个已知的可见光信号。假设目标物体上的接收机仅接收发射信号的直射分量，其目的是估计其自身的位置。

LED 灯的位置已知，并用 $X_t^i \in \mathbb{R}^3$，其中 $i=1,\cdots,N_L$，N_L 表示 LED 灯的数量。目的是根据来自 LED 灯的信号，估计 VLC 接收机的未知位置。对于第 i 个 LED 灯发射的信号，接收机接收到的信号模型为

$$r_i(t) = \alpha_i R_p s_i(t - \tau_i) + n_i(t) \tag{6-9}$$

其中，$t \in [T_1^i, T_2^i]$，T_1^i 和 T_2^i 分别表示接收来自第 i 个 LED 灯的信号的观测间隔的初始和最终时刻；α_i 是 LED 和接收机之间的光通道吸收因子；R_p 是光电探测器的响应度；$s_i(t)$ 是来自第 i 个 LED 灯发射的光信号（在 $[0, T_s]$ 的时间范围内）；τ_i 是从第 i 个 LED 灯发送的信号的到达时间测量参数；$n_i(t)$ 是功率谱密度水平为 σ^2 的零均值加性高斯白噪声。在该模型中，假设来自不同 LED 灯的信号不会相互干扰，这种假设可以通过使用时分复用或频分复用等多址技术来实现。此外，当 $i \neq j$ 时，$n_i(t)$ 和 $n_j(t)$ 被独立建模，因为它们是在不同的时间或频率间隔上观察到的（由于时域或频分复用）。

在本研究所设置的场景中，假设 LED 灯彼此同步，而它们与接收机是异步，这对应于准同步场景。由于 LED 灯放置在房间的固定位置，因此很容易通过有线同步系统同步其时钟。然而，接收机不一定位于固定位置，因此，很难将其时钟与 LED 灯的时钟同步。因此，这个场景比较符合实际应用中通

常会遇到的场景。在此场景中，来自第 i 个 LED 灯的信号的到达时间参数可以表示为

$$\tau_i = \frac{l_r - l_t^i}{c} + \varDelta \qquad (6\text{-}10)$$

其中，$\|\bullet\|$ 表示欧几里得范数；c 表示光速；$\varDelta$ 表示 LED 灯和接收器时钟之间的时间偏移。需要注意的是，所有 LED 灯的时间偏移相同，因为它们彼此同步。$\varDelta$ 被建模为一个确定性未知参数，因为它采用一个固定值，而该值对于定位过程来说是未知的。此外，假设直射信号分量具有适当的延时，因此在接收机处将被完全捕获。

使用同步 LED 灯阵列，虽然其与接收机异步，但是使用合适的到达时间参数可用于终端定位。产生时差测量的一种方法是选择一个 LED 灯作为参考，并计算来自其他 LED 灯的信号相对于参考的时差参数。因此，来自第 i 个 LED 灯的信号的到达时间参数可以表示为

$$d_i = \tau_i - \tau_1 \qquad (6\text{-}11)$$

其中，$i \in \{2, \cdots, N_L\}$，可以选择某一个 LED 灯作为参考，以便于标记。值得注意的是，由于相同的 $\varDelta$ 作为加法项出现在所有 τ_i 参数中，因此产生的 d_i 不包含时间偏移参数。

第 i 个 LED 灯和接收器之间的光信道的衰减因子建模为

$$\alpha_i = \frac{m_i + 1}{2\pi} \cos^{m_i}(\phi_i) \cos(\theta_i) \frac{A_r}{l_r - l_t^{i2}} \qquad (6\text{-}12)$$

其中，m_i 是第 i 个 LED 灯的朗伯阶数；ϕ_i 和 θ_i 分别是第 i 个 LED 灯和接收器之间通道的辐射角和入射角；A_r 是光电探测器的面积。注意，α_i 也被称为接收信号强度（RSS）参数，因为它直接确定接收器接收到的信号功率。我们还可以定义法向量 $\boldsymbol{n}_t^i \in \mathbf{R}^3$ 和 $\boldsymbol{n}_r \in \mathbf{R}^3$ 分别作为第 i 个 LED 灯和接收器的方向表示，以下形式表示第 i 个通道的衰减系数

$$\alpha_i = \gamma_i \frac{\left((\boldsymbol{X}_r - \boldsymbol{X}_t^i)^T \boldsymbol{n}_t^i \right)^{m_i} \left((\boldsymbol{X}_t^i - \boldsymbol{X}_r)^T \boldsymbol{n}_r \right)}{\boldsymbol{X}_r - \boldsymbol{X}_t^{im_i+3}} \qquad (6\text{-}13)$$

其中，$\gamma_i \triangleq (m_i+1)A_r/(2\pi)$。在本研究的定位系统模型中，假设已知接收机的 $R_p, A_r, \mathbf{n}_r, s_i(t), m_i, \mathbf{n}_t^i$ 和 X_t^i，$i=1,\cdots,N_L$，并且可以在定位过程中使用该信息。换句话说，唯一的未知参数是接收器的位置 X_r 和时间偏移 Δ。

6.4　单模式定位误差理论极限

本节针对本研究给出的定位系统模型，研究了定位精度的理论极限，并且推导了所有未知参数的 Cramér-Rao 极限（Cramér-Rao lower bound，CRLB），包括接收器的位置以及 LED 灯和接收器时钟之间的时间偏移。

考虑上节中的接收信号模型，注意到 $i \neq j$ 时，$n_i(t)$ 和 $n_j(t)$ 是独立的，对数似然函数由下式给出

$$\Lambda(\varphi) = k - \frac{1}{2\sigma^2}\sum_{i=1}^{N_L}\int_{T_1^i}^{T_2^i}[r_i(t) - \alpha_i R_p s_i(t-\tau_i)]^2 \mathrm{d}t \tag{6-14}$$

其中，$\varphi = [X_r^\mathrm{T}, \Delta]^\mathrm{T} \in \mathbf{R}^4$ 表示未知参数向量；k 是不依赖于 φ 的归一化常数。

CRLB 的计算方法如下。

首先，Fisher 信息矩阵（Fisher information matrix，FIM）是由式（6-14）中的对数似然函数获得的，其表达式为

$$J(\varphi) = E\{[\nabla_\varphi\Lambda(\varphi)][\nabla_\varphi\Lambda(\varphi)]^\mathrm{T}\} \tag{6-15}$$

其中，$\nabla_\varphi\Lambda(\varphi)$ 是对数似然函数相对于未知参数向量的梯度向量。下一步是取 FIM 的逆函数，使用 φ 的无偏估计量 $\hat{\varphi}$ 的协方差矩阵来表示 CRLB

$$E\{(\hat{\varphi}-\varphi)(\hat{\varphi}-\varphi)^\mathrm{T}\} \succ J(\varphi)^{-1} \tag{6-16}$$

其中，$A \succ B$ 表示 $A\text{-}B$ 是半正定的。因此，只需要注意式（6-16）中的对角线项，就可以写出

$$\mathrm{Var}(\hat{\varphi}_k) \geqslant [J(\varphi)^{-1}]_{k,k} \tag{6-17}$$

其中，$\hat{\varphi}_k$ 是 $\hat{\varphi}$ 的第 k 项，且 $[\ ]_{k,k}$ 表示其参数的第 k 个对角线项。本研究

中考虑的准同步可见光定位系统的 FIM 矩阵可以通过扩展同步可见光点定位系统的 FIM 来获得。具体而言，式（6-16）中的对数似然函数经过变换后，可得

$$[J(\varphi)]_{m,n} = \frac{R_p^2}{\sigma^2} \sum_{i=1}^{N_L} \left[E_2^i \frac{\partial \alpha_i}{\partial X_{r,m}} \frac{\partial \alpha_i}{\partial X_{r,n}} + \alpha_i^2 E_1^i \frac{\partial \tau_i}{\partial X_{r,m}} \frac{\partial \tau_i}{\partial X_{r,n}} - \alpha_i E_3^i \left(\frac{\partial \alpha_i}{\partial X_{r,m}} \frac{\partial \tau_i}{\partial X_{r,n}} + \frac{\partial \tau_i}{\partial X_{r,m}} \frac{\partial \alpha_i}{\partial X_{r,n}} \right) \right]$$

（6-18）

对于 $m,n = 1,2,3$，可以得到

$$[\boldsymbol{J}(\varphi)]_{4,k} = [\boldsymbol{J}(\varphi)]_{k,4} = \frac{R_p^2}{\sigma^2} \sum_{i=1}^{N_L} \left(\alpha_i^2 E_1^i \frac{\partial \tau_i}{\partial X_{r,k}} - \alpha_i E_3^i \frac{\partial \alpha_i}{\partial X_{r,k}} \right)$$

（6-19）

对于 $k = 1,2,3$，可以得到

$$[\boldsymbol{J}(\varphi)]_{4,4} = \frac{R_p^2}{\sigma^2} \sum_{i=1}^{N_L} \alpha_i^2 E_1^i$$

（6-20）

其中，$X_{r,k}$ 表示 X_r 的第 k 个元素。$s_i(t)$ 的积分和导数 $s_i'(t)$ 表示为

$$E_1^i \triangleq \int_0^{T_s} s_i'(t)^2 \mathrm{d}t$$
$$E_2^i \triangleq \int_0^{T_s} s_i(t)^2 \mathrm{d}t$$
$$E_3^i \triangleq \int_0^{T_s} s_i(t) s_i'(t) \mathrm{d}t$$

（6-21）

式（6-18）和式（6-19）中的偏导数表示接收器位置坐标，以及 α_i 和 τ_i 与同步定位系统中相同。

这里需要注意的是，本节导出的 CRLB 表达式提供了无偏估计量方差的界。对于有偏估计器，定位精度的理论极限通常与本研究中推导的结果不同。然而，如果偏差的形式是已知的，本研究的结果可以通过使用信息不等式扩展，以提供此类偏差估计的可实现精度的界。

需要注意的是，所考虑的准同步室内光定位系统的 FIM 矩阵为 4×4，而同步光定位系统的 FIM 矩阵为 3×3。并且，同步光定位系统的 FIM 矩阵的所有项均出现在准同步光定位系统的 FIM 矩阵中。也就是说，式（6-19）和式（6-20）中所表示的项是准同步光定位系统的附加项，这是因为 Δ 在这种

情况下是未知参数。

在获得 FIM 后，可以简单地取其倒数来计算 CRLB，以估计接收器的位置。因此，可以通过计算任何给定场景设置的 CRLB 来评估定位精度的下限。事实上，基于以下结论，可以降低 CRLB 计算的复杂性。

结论：X_r 的无偏估计 $\hat{X}_r$ 的 MSE 的 CRLB 可以表示为

$$E\{X_r - \hat{X}_r^2\} \geqslant \text{trace}\{J_{qs}^{-1}\} \tag{6-22}$$

其中，J_{qs} 表示一个 3×3 矩阵，包含以下项

$$[J_{qs}]_{m,n} = \frac{R_p^2}{\sigma^2 \sum_{i=1}^{N_L} \alpha_i^2 E_1^i} \sum_{i=1}^{N_L} \sum_{j=1}^{N_L} \frac{\partial \alpha_i}{\partial X_{r,\,m}} \left[\alpha_i^2 E_2^i E_1^j \frac{\partial \alpha_i}{\partial X_{r,\,n}} - \right.$$

$$\left. \alpha_i \alpha_j E_3^i E_3^j \frac{\partial \alpha_j}{\partial X_{r,\,n}} + \alpha_i \alpha_j^2 E_3^i E_1^j \left(\frac{\partial \tau_j}{\partial X_{r,\,n}} - \frac{\partial \tau_i}{\partial X_{r,\,n}} \right) \right] + \frac{\partial \tau_i}{\partial X_{r,\,m}}$$

$$\left[\alpha_j^2 E_1^j \left(\alpha_i^2 E_1^i \frac{\partial \tau_i}{\partial X_{r,\,n}} - \alpha_i E_3^i \frac{\partial \alpha_i}{\partial X_{r,\,n}} \right) + \alpha_i^2 E_1^i \left(\alpha_j E_3^j \frac{\partial \alpha_j}{\partial X_{r,\,n}} - \alpha_j^2 E_1^j \frac{\partial \tau_j}{\partial X_{r,\,n}} \right) \right]$$

$$\tag{6-23}$$

其中，$m, n \in \{1, 2, 3\}$。

该结论提供了一种计算接收机位置的任何无偏估计的 MSE 的 CRLB 的替代和等效方法。值得注意的是，式（6-22）中的表达式需要对 3×3 矩阵求逆，而式（6-16）中的原始表达式需要对 4×4 矩阵求逆。

根据式（6-14），所有定位参数的最大似然估计为

$$\hat{\varphi} = \arg\max_{\varphi} \sum_{i=1}^{N_L} \alpha_i \int_{T_1^i}^{T_2^i} r_i(t) s_i(t - \tau_i) \, dt - \frac{R_p}{2} \sum_{i=1}^{N_L} \alpha_i^2 E_2^i \tag{6-24}$$

其中，E_2^i 的定义参见式（6-21）。然后，$\hat{\varphi}$ 的前三项产生接收机的位置的最大似然估计，由 $\hat{X}_r$ 表示。由于估算 $\hat{X}_r$ 过程中不存在中间步骤，因此该方法称为直接定位。需要注意的是，式（6-24）中的目标函数需要针对 X_r 和 Δ 联合优化，因为它们都包含在 φ 中。因此，与所有 LED 灯和接收机同步的同步场景相比，在非同步情况下，必须估计一个额外的未知参数 Δ。

6.5　光强度差分与时间差联合定位方法

通过上节的分析可知，在非同步场景下，直接使用式（6-24）进行估计具有较高的计算复杂度，因为它需要在四维空间上搜索。为了获得低复杂度的估计方法，本节提出了一种融合光强度差和时间差的联合定位方法，用于接收机的定位。该方法在融合使用 TDOA 和 RSS 测量。

在所提出的估计器的第一步中，目标是估计每个 LED 的 τ_i 和 α_i，其中 $i=1,\cdots,N_L$，为了实现该目标，就要最大化第 i 个 LED 灯的接收信号的对数似然函数

$$\{\hat{\tau}_i,\hat{\alpha}_i\} = \arg\max_{\tau_i,\alpha_i} -\frac{1}{2\sigma^2}\int_{T_1^2}^{T_2^2}(r_i(t)-\alpha_i R_p s_i(t-\tau_i))^2\,dt \qquad (6\text{-}25)$$

这相当于

$$\{\hat{\tau}_i,\hat{\alpha}_i\} = \arg\max_{\tau_i,\alpha_i} \alpha_i\int_{T_1^i}^{T_2^i} r_i(t)s_i(t-\tau_i)\,dt - \frac{R_p}{2}\alpha_i^2 E_2^i \qquad (6\text{-}26)$$

其中，$i=1,\cdots,N_L$，式（6-26）的解可按如下方式获得

$$\begin{cases} \hat{\tau}_i = \arg\max_{\tau_i}\int_{T_1^i}^{T_2^i} r_i(t)\,s_i(t-\tau_i)dt \\ \hat{\alpha}_i = \dfrac{C_{rs}^i}{R_p E_2^i} \end{cases} \qquad (6\text{-}27)$$

其中

$$C_{rs}^i \triangleq \int_{T_1^i}^{T_2^i} r_i(t)s_i(t-\hat{\tau}_i)\,dt \qquad (6\text{-}28)$$

基于上面获得的 TOA 估计，TDOA 估计表示为

$$\hat{d}_i = \hat{\tau}_i - \hat{\tau}_1 \qquad (6\text{-}29)$$

其中，$i=2,\cdots,N_L$。从 TOA 估计到 TDOA 估计的转换对于降低计算复杂性非常重要，因为它消除了估计 Δ 的需要，因为 TDOA 中不存在时间偏移信息。

对于 d_i 的估计需要估计光强和光通道衰减，为了减小定位误差，应减小 LED 照明波动测量误差的影响。为减小 LED 功率波动的影响，我们在定位系统中添加了一个参考探测器来检测光源的实时强度波动并建立到达时间测量基准。该系统的原理如图 6-2 所示。

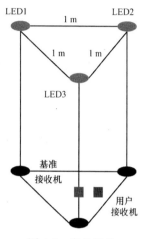

LED 之间的距离为 1 m，LED 功率为 1 W。接收机为 S3884。在该系统中，两个接收机将同时接收光信号。基准接收机的位置是已知的，可以放置在场景中的任何地方。在如图 6-2 所示的场景中，基准接收机与用户接收机在同一平面上，位置位于三个 LED 投影的中心。

两个接收机接收到的三个 LED 的光强度相互独立地波动，但无论接收机的位置如何，两个接收机接收到的 LED 功率的变化率是一致的。因此，基

图 6-2　定位场景

准接收机可用于检测光源功率的波动，需定位的用户接收机可通过减去该基准亮度波动获得原始光强度。

具体补偿方法如下：当 LED 的亮度波动时，光源功率 P_0 不固定，此时，应使用关于时间的函数 $P_0(t)$ 来代表。对于同一个接收机，两次接收到的 LED 强度具有如下关系

$$\frac{P_{A,t_1}}{P_{A,t_2}} = \frac{P_0(t_1)\dfrac{(m+1)Ah^{(m+1)}}{2\pi d^{(m+3)}}}{P_0(t_2)\dfrac{(m+1)Ah^{(m+1)}}{2\pi d^{(m+3)}}} = \frac{P_0(t_1)}{P_0(t_2)} \tag{6-30}$$

如式（6-30）所示，对于同一接收机，接收到的光强度仅与光源有关。因此，可以得出

$$R = \frac{P_0(t_2) - P_0(t_1)}{P_0(t_1)} \tag{6-31}$$

其中，R 为光强波动率（接收机接收两个光强的变化率），也与探测器的位置无关，仅由两个接收信号之间的时间间隔确定。

对于两个接收机，如果已知一个接收机的接收初始光强度，则该接收机可用作基准探测器。如果两个接收机同时采样，则基准接收机可以补偿另一个接收机接收到的光强波动。

假设接收机 A 是基本探测器，接收机 B 需要进行补偿。接收机从单个 LED 接收到的光强度可以表示为 $A_1, A_2, A_3 \cdots$，则对于接收机 B 来说，信号强度的变化率为

$$R_1 = \frac{A_2 - A_1}{A_1}, \cdots, R_{n-1} = \frac{A_n - A_1}{A_1} \tag{6-32}$$

接收到的信号强度 B_n 是波动光照度与原始光强度的叠加

$$B_n = B_1(1 + R_{n-1}) \tag{6-33}$$

因此，可以得到

$$B_1 = \frac{B_n}{1 + R_{n-1}} \tag{6-34}$$

因此，在接收机 B 接收到第 n 个光强后，其真实光强度 B_1 可以使用基准接收机 A 获得的基准亮度获得真实亮度值。

上述讨论仅限于由两个接收机接收的单个 LED。但在实际的定位系统中，我们使用了三个或更多的 LED。根据上述原理可以很方便地扩展到多个 LED 的情况。接收机获得真实亮度后，根据式（6-12）即可估计出光路衰减因子 $\hat{\alpha}_i$，用于下一步的定位估计。

接下来，目标是基于 $\hat{d}_i$ 和 $\hat{\alpha}_i$ 对 X_r，$i=1,\cdots,N_L$ 进行估计。为此，提出以下方法。

当 $E_3^i = 0$，$i=1,\cdots,N_L$，以及光通路 SNR 水平足够高时，$\hat{d} \triangleq [\hat{d}_2,\cdots,\hat{d}_{N_L}]^{\mathrm{T}}$ 和 $\hat{\alpha} \triangleq [\hat{\alpha}_1,\cdots,\hat{\alpha}_{N_L}]^{\mathrm{T}}$ 可以近似地建模为

$$\hat{d} = d + \eta$$
$$\hat{\alpha} = \alpha + \zeta \tag{6-35}$$

其中，$d \triangleq [d_2,\cdots,d_{N_L}]^{\mathrm{T}}$；$\alpha \triangleq [\alpha_1,\cdots,\alpha_{N_L}]^{\mathrm{T}}$；$\eta$ 是具有协方差矩阵的零均值高斯随机向量；ζ 是具有协方差矩阵的零均值高斯随机向量。

$$\Sigma_d = 1\frac{\sigma^2}{R_p^2 \alpha_1^2 E_1^1} + \frac{\sigma^2}{R_p^2}\mathrm{diag}\left(\frac{1}{\alpha_2^2 E_1^2},\cdots,\frac{1}{\alpha_{N_L}^2 E_1^{N_L}}\right) \qquad (6\text{-}36)$$

由于 $\hat{d}_i$ 和 $\hat{\alpha}_i$ 的估计在最大似然意义上是最优的，因此这些估计应该是渐近无偏且有效的。然后，考虑最大似然参数估计模型，可以使用式（6-35）和式（6-36）来估计接收机位置 X_r。值得注意的是，现在需要估计的唯一参数是 X_r，它包含在 α 和 d 中。因此，考虑到式（6-35）和式（6-36）中的近似模型，$v \triangleq [\hat{d}^\mathrm{T}, \hat{\alpha}^\mathrm{T}]^\mathrm{T}$ 的对数似然函数可以写成

$$\Gamma(v) = -\frac{1}{2}\log|2\pi\Sigma| - \frac{1}{2}((v-\mu)^\mathrm{T}\Sigma^{-1}(v-\mu)) \qquad (6\text{-}37)$$

其中，$\Sigma \triangleq \mathrm{Diag}(\Sigma_d, \Sigma_\alpha)$ 表示块对角矩阵。基于该对数似然函数，X_r 的最大似然估计可写成

$$\hat{l}_r = \arg\max_{l_r}\log|\Sigma_d| + (v-\mu)^\mathrm{T}\Sigma^{-1}(v-\mu) \qquad (6\text{-}38)$$

6.6 仿真结果

实验场景如图 6-2 所示，假设定位空间长度为 1 m，宽度为 1 m，高度为 1.5 m。基准接收机位于三角形区域的中心，用户接收机在 0.5 m 高度的平面内运动。图 6-3～图 6-5 给出了单纯使用 RSS 算法和 TDOA 算法以及本研究提出的联合算法所获得的定位结果。

图 6-6 和图 6-7 将使用三种算法所得到的位置偏差的统计量进行了比较。

从图 6-6 和图 6-7 中可以发现，与传统的 RSS 和 TDOA 算法相比，联合算法对每个点的测量结果偏差较小。图 6-6 比较了测量误差随时间的变化。从图 6-6 可以看出，联合定位方案显著降低了误差，78 次测量的平均误差从将近 10 cm（RSS 算法）和 8 cm（TDOA 算法）降低到 4 cm。图 6-7 比较了每个测量点的平均偏差。从图 6-7 可以看出，26 个点的标准偏差从 9 cm（RSS

算法）和 8 cm（TOA 算法）减小到 2.5 cm，该结果说明了联合定位算法的有效性。

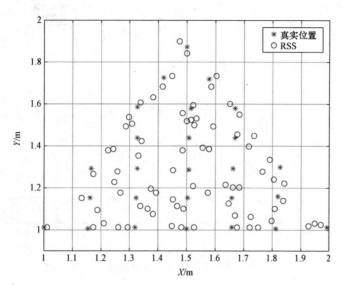

图 6-3　定位结果（RSS）

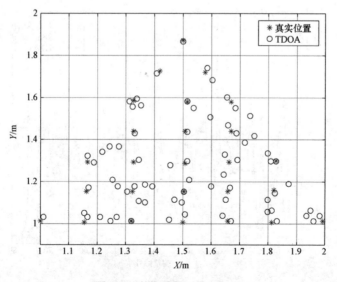

图 6-4　定位结果（TDOA）

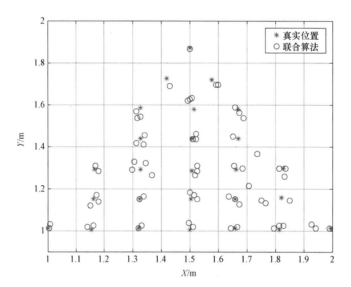

图 6-5　定位结果（联合算法）

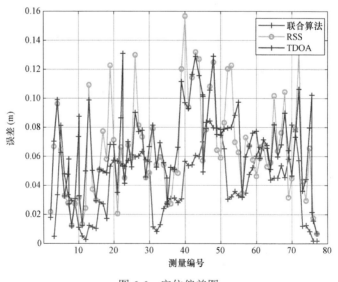

图 6-6　定位偏差图

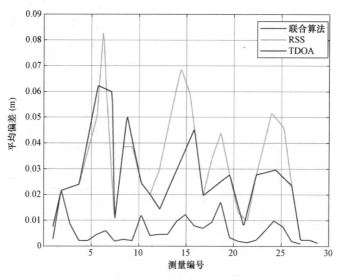

图 6-7　定位偏差平均偏差图

6.7　本章小结

本章研究了准同步可见光通信点定位系统中基于 LED 光强度和到达时间的定位方法。所考虑的系统包括发光二极管（发射已知可见光信号）和接收器（根据来自发光二极管发射器的信号进行自我定位）。首先，推导了相应位置估计问题的 CRLB 表达式。其次，考虑了基于最大似然的位置估计方法。利用最大似然估计的渐近性质，提出了一种计算效率高的强度和到达时间联合定位方法。最后，提出了一种基于强度差分检测的光强估计算法，该算法使用一个基准接收器，可以解决 LED 光强波动引起的定位不稳定问题，该算法有效地解决了 LED 照明波动引起的估计误差。与到达时间联合运用，可以实现更高精度的定位。实验结果表明，本研究提出的联合定位方法获得的精度和稳定度优于单独使用 RSS 和 TDOA 定位方法的结果。

第7章
室内可见光高速阵列
通信实验系统

7.1　本章引言

针对室内可见光通信系统通信照明一体化系统工程设计的各项问题，本章综述本研究论述的各项技术，设计了室内可见光高速阵列通信实验系统，除运用上述调制和定位方法实现高速通信和定位外，主要设计了宽视角接收光学结构，多用户组网流程设计，高速可见光模拟前端设计等，并进行了工程实现和测试。研究结果表明，系统各项指标满足室内可见光通信一般需求，可以较好地实现通信照明定位一体化应用，具有很大的推广应用前景。

7.2　宽视角接收

视场角（field of view，FOV）是可见光接收器件的一个关键参数，其表示了接收光电传感器能够接收的光最大角度值。当光入射角大于接收器的 FOV 时，则感知到的光功率为 0。因此，增大移动接收端的 FOV，对室内可见光应用具有重要的意义。

常用的拓展 FOV 的方法就是使用光学镜头，其中能起到最大的拓展 FOV 的镜头就是复眼镜头，这种镜头又分为并列型和重叠型两种。其中，并列型镜头是指复眼镜头的可视范围是互不交叉的，而重叠型复眼镜头其复眼接收的光有可能是由若干小眼折射叠加而成的。当前，多数实际应用的复眼镜头是并列型。其若干小眼排布于某个设计好的曲面上时，就可以构成曲面复眼成像系统，其每个小眼对应一个小的视场，若干视场联合形成一个完成的宽FOV 视场。

一个曲面复眼成像系统的例子如图 7-1 所示，该系统由若干 APD 和微透镜阵列在某个曲面上分布排列而成，每个接收器和透镜相当于一个小眼。每个小眼的 FOV 都较窄，光通过小眼汇聚在聚焦点上，被 APD 感知到，并进行光电信号转换。整体系统构成一个几何宽 FOV 系统。为进一步增加光线汇聚的程度，可以设计若干层微透镜阵列，充分汇聚光线，提高光学增益。

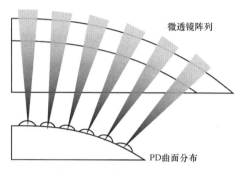

图 7-1　曲面复眼接收模型

在室内可见光通信系统设计中，曲面复眼接收阵列的曲面形状设计和阵列摆列是保证宽视角接收和通信性能的重要因素，因此下节对该系统进行相关的设计。

7.2.1　光学结构的设计与实现

为了获得较高的光学信道增益，光学系统设计的主要思想是改变每个 PD 的法向量，从而使来自相同 LED 的入射角不同。选择法向量方向的方法有很多种。在本研究中，考虑使用球形曲面分布（hemispheric receiver，HR）。此时，每个 PD 指向不同的方向。为了构造 HR，首先在单位半球的表面上均匀分布点，使得每个点的法向量指向不同的方向。然后，使用这些法向量的方向来定义 HR 中各个 PD 的法向量指向方向。

APD 阵元法向量坐标

$$(x_{APD}^i, y_{APD}^i, z_{APD}^i) = (x_{APD} + r\cos(\varphi_{APD}^i), y_{APD} + r\sin(\varphi_{APD}^i), h_{APD}) \quad (7-1)$$

其中

$$\theta_{APD}^i = \theta_{PR} \quad (7-2)$$

$$\varphi_{APD}^i = \frac{2(i-1)\pi}{N} + \varphi_{APD,H} \quad (7-3)$$

其中，r 和 $\varphi_{\text{PD},H}$ 分别表示 HR 的半径和 APD 布局的初始角度。

其布局的分布例子如图 7-2 所示。

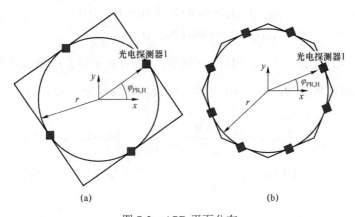

图 7-2　APD 平面分布

（a）4 个 APD；（b）8 个 APD

接收端 APD 阵列采用 HR 分布，结合可见光通信系统接收阵列的特殊性，在半球面上选取 N 个螺旋状的分布点，作为 APD 阵元的空间位置，如图 7-3 所示。如图 7-4 所示，当球的半径 r 和球心坐标 (x_0, y_0, z_0) 已知时，可计算出第 i 个 APD 阵元的空间位置坐标 $(x_{\text{PD}}(i), y_{\text{PD}}(i), z_{\text{PD}}(i))$ 以及相应 APD 阵元的法向量矢量 $\vec{n}_{PDi} = (x_{\text{PD}}(i), y_{\text{PD}}(i), z_{\text{PD}}(i))$。

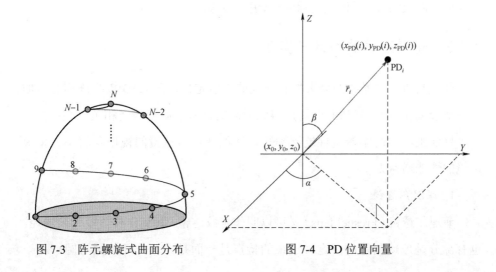

图 7-3　阵元螺旋式曲面分布　　　　图 7-4　PD 位置向量

具体的第 i 个 APD 阵元的空间坐标为

$$\begin{cases} x_{\mathrm{PD}}(i) = x_0 + r\sin(\beta_{\mathrm{PD}}(i))\cos(\alpha_{\mathrm{PD}}(i)) \\ y_{\mathrm{PD}}(i) = y_0 + r\sin(\beta_{\mathrm{PD}}(i))\sin(\alpha_{\mathrm{PD}}(i)) \\ z_{\mathrm{PD}}(i) = z_0 + r\cos(\beta_{\mathrm{PD}}(i)) \end{cases} \quad (7\text{-}4)$$

其中，$\alpha_{\mathrm{PD}}(i)$ 表示第 i 个 PD 的方位角，$\beta_{\mathrm{PD}}(i)$ 表示第 i 个 APD 的仰角。N 个 APD 按螺旋状分布，每个 APD 的方位角和仰角可分别表示为

$$\alpha_{\mathrm{PD}}(i) = \begin{cases} \left(\alpha_{\mathrm{PD}}(i-1) + \dfrac{3.6}{\sqrt{N/c}}\dfrac{1}{\sqrt{1-(t(i))^2}}\right)(\mathrm{mod}\,2\pi), & i \geqslant 2 \\ 0, & i = 1 \end{cases} \quad (7\text{-}5)$$

并且

$$\beta_{\mathrm{PD}}(i) = \arccos(t(i)) \quad (7\text{-}6)$$

其中，$t(i) = 1 - \dfrac{2(i-1)}{(N/c)-1}, (i \geqslant 1)$；$c(0 < c \leqslant 1/2)$ 表示 APD 阵元分布的球冠面积与整个球面面积的比值。

这里值得注意的是，HR 结构适用于常见的室内手持终端设备，如智能手机、桌面设备或小型移动设备，因为 PD 之间不需要很大的空间分离，因此制作的接收机可以非常紧凑。当然，如果在给定更大接收机尺寸的情况下允许空间分离的灵活性，则分集增益可以进一步提高。

7.2.2 光学透镜的设计与实现

利用凸透镜对光线的会聚性和光线的折射定律，在 APD 接收阵列上添加半球形透镜使 APD 阵列的视场角得到提高的同时，降低信道相关性。

目前主流的光学透镜性能不理想，比如菲涅尔透镜的视场角较小、鱼眼透镜的性能增益太小。

1. 菲涅尔透镜

菲涅尔透镜（Fresnel lens）又可以叫作螺纹透镜，其制作材料多为聚烯烃，也有部分是玻璃制作的。这种透镜的特点是一面是一环一环的同心圆，另一

面是普通的光面。其中，同心圆是根据光干涉和衍射路径进行特殊设计的，可以满足某种灵敏度或接收角度的需求。其原理是利用光学表面的折射来改变光路，由于光折射事实上只发生在镜头介质的交界面，凸透镜的光直线传播部分衰减较严重，此时宽视角镜头的边角就会出现变暗的现象。而菲涅尔透镜去除了光直线传播的部分，仅保留其对光路有影响的部分，因此既节省了材料，又保证了光的透过性。菲涅尔透镜虽然是由很多同心圆纹路构成的透镜表面，但是其也能起到与凸透镜一样的聚光功能，且光汇聚后其各点的亮度是一致的，如图 7-5 所示。但是，菲涅尔透镜的 FOV 不大，经实验测定，其 FOV 只有 10° 左右。

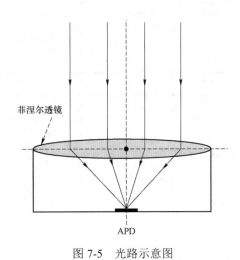

图 7-5　光路示意图

2. 鱼眼透镜

鱼眼透镜是一种焦距比较短，而视角较宽的镜头，经过适当设计后，其视角可达到甚至超过 180°。鱼眼透镜之所以能够达到这种视角，是因为其镜头前端有呈抛物线凸出的前端镜片，利用与鱼眼一样的仿生学设计，实现超出人眼的宽视角范围。但是，使用鱼眼镜头进行成像时，其宽视角导致画面变形严重，透视的汇聚感非常强烈。

鱼眼镜头 FOV 较大，适于宽视角可见光通信系统使用，但是其光学性能增益较小，本研究使用一款鱼眼镜头进行实验测试，其结果见表 7-1。

表 7-1　鱼眼透镜光强增益测试

鱼眼透镜参数	
透镜外尺寸（包括边框）	$\phi25$ mm
透镜内尺寸（不包括边框）	$\phi18$ mm
小口尺寸	$\phi6.9$ mm
透镜最大入射角度	79.51°（比值为 23.5/4.35）
接收面光斑尺寸	$\phi6.7$ mm

实验场景 1（射灯高度：1.57 m；实验地点：光暗室）

发光角度（°）	不加透镜光强（lx）	加透镜光强（lx）	增益	备注
0	32.32	3.02	0.093 44	
30	18.60	1.80	0.096 77	
45	8.57	0.99	0.115 52	
60	2.47	0.32	0.129 55	
72.57	0.39	0.06	0.153 85	卷尺限制

实验场景 2（射灯高度：1.36 m；实验地点：光暗室）

发光角度（°）	不加透镜光强（lx）	加透镜光强（lx）	增益	备注
0	42.90	3.87	0.090 21	
30	30.76	3.06	0.099 48	
45	18.78	2.00	0.106 50	
60	6.99	0.85	0.121 60	
77.84	0.34	0.05	0.147 05	卷尺限制

3. 半球形透镜设计

本研究通过光学设计，在视场角和性能增益之间寻找理想点，设计了一种半球形光学透镜，其视场角度达到 35°、焦距为 11.6 mm、半球底面直径为 12 mm。其结构和仿真性能如图 7-6 所示。

(a) 实物图

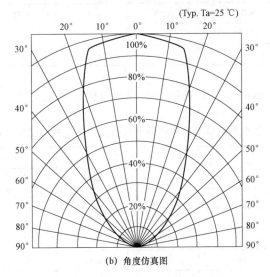

(b) 角度仿真图

图 7-6 曲面光学透镜设计

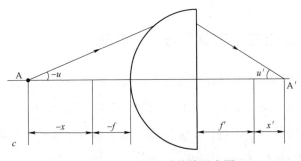

图 7-7 凸透镜光线传输示意图

在图 7-7 中

$$\gamma = \frac{\tan u'}{\tan u} = \frac{x}{f'} = \frac{f}{x'} > 1 \tag{7-7}$$

$$\psi'_c = \arctan(\tan(\psi_c) \cdot \gamma) > \psi_c \qquad (7\text{-}8)$$

灯的高度为 1.5 m 时，鱼眼透镜与半球形透镜的增益对比见表 7-2。

表 7-2 鱼眼透镜与半球形透镜的增益对比（灯的高度为 1.5 m）

发光角度	光强/lx	鱼眼透镜		半球形透镜	
		光强/lx	增益	光强/lx	增益
0°	37.00	3.45	0.09	97.81	2.64
30°	20.47	2.08	0.10	13.87	0.68
45°	9.28	1.03	0.11	0.45	0.05
60°	2.63	0.36	0.14	0.09	0.03
72.57°	0.38	0.06	0.16	0.02	0.05

灯的高度为 1 m 时，鱼眼透镜与半球形透镜的增益对比见表 7-3。

表 7-3 鱼眼透镜与半球形透镜的增益对比（灯的高度为 1 m）

发光角度	光强/lx	鱼眼透镜		半球形透镜	
		光强/lx	增益	光强/lx	增益
0°	79.67	6.22	0.08	214.24	2.69
30°	50.15	5.14	0.10	41.75	0.83
45°	24.17	2.72	0.11	1.29	0.05
60°	6.80	0.93	0.14	0.92	0.14
72.57°	0.26	0.04	0.15	0.01	0.04

7.2.3 APD 光电接收前端的设计与实现

在宽带可见光 APD 的设计与实现上，利用具有一维双周期光子晶体滤波结构的高速 Si 基蓝光 APD，通过滤波结构实现窄带光谱响应，既可保持 Si 基 APD 的光电增益和宽带特性，又可通过光子晶体滤波层实现以 450 nm 为中心的窄带光谱响应，降低光干扰。

Si 基 pin 型 APD 器件由于外延层中位错密度极低（位错密度 < 10^2 cm^{-2}）、器件工艺成熟，因此 APD 器件的响应速度和增益特性稳定；但其缺点是相应光谱过宽（从近红外到紫外），噪声信号干扰大，影响了光信号接收的灵敏度。

对此，我们拟设计、制备一维双周期光子晶体滤波结构（即在 Si 基 APD 光入射面镀制周期性排列的介质膜系结构[AB]*m*[CD]*n*，ABCD 为介质材料，*m*、*n* 为周期)，利用折射率、厚度及周期变化，形成以 450 nm 为中心的窄带通滤波器，抑制噪声。

　　我们研究温度控制设计与高压产生控制，通过降温，APD 能在低压时得到更高的倍增因子；通过降低偏压，还可以减少暗计数，如图 7-8、图 7-9 所示。本研究低成本、小型化的 APD 驱动控制方案为消费级移动终端应用奠定了基础。

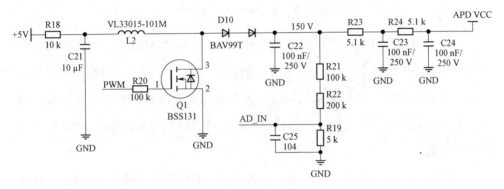

图 7-8　高压产生电路设计

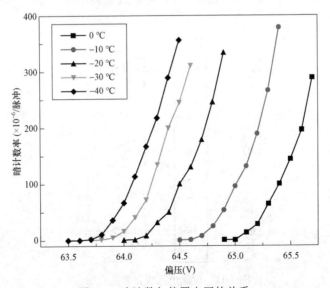

图 7-9　暗计数与偏置电压的关系

APD 阵列组合方式设计主要包括两种：光电探测级合并和检测电流级合并。

光电探测级合并是由多个 APD 进行并联，多个 APD 的输出电流进行合并，然后经过跨阻放大器（TIA）进行放大，如图 7-10 所示。

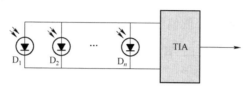

图 7-10　光电探测级合并示意图

光电探测级合并的电路结构比较简单，只需多个 APD 和一个跨阻放大器即可。但是由于多个 APD 进行并联，APD 内的总电容相当于并联，根据并联电容的计算公式可以很容易地知道，多个电容并联时总的并联电容的容值会增大，增大的电容值会使电容两极板间的充放电时间变长，使得 APD 的工作带宽降低。

检测电流级合并是由多路信号合并而成，其中每路链路是由少数 APD 并联，APD 的输出电流经过跨阻放大器和功率放大器组成，如图 7-11 所示。

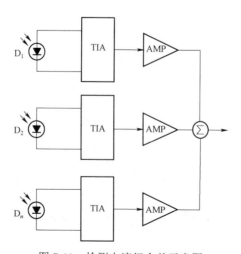

图 7-11　检测电流级合并示意图

检测电流级合并的电路结构相比光电探测级合并的电路结构复杂，需多个跨阻放大器和功率放大器。但是由于少数个 APD 进行并联，每路 APD 内的总电容变化不是太大，增加量较小，因此可以使 APD 获得较宽的工作带宽，如图 7-12 所示。

图 7-12　宽视角高速传输系统图

7.3　可见光多用户组网

可见光接入系统通过布置在室内的照明 LED 传输下行数据，用户利用安置在终端设备的光检测器接收下行数据，并利用设备的红外光源发送上行信息，与下行光工作在不同的频段上，实现全双工双向通信。其架构如图 7-13 所示。对于多用户应用，针对光信道的特点，我们研究了多用户组网技术。

可见光室内通信场景为典型的上下行不对称网络，下行利用可见光通信高速的特点实现数据传输、话音及流媒体点播，照明 LED 作为中心接入点（Access Point，AP），可对网络进行同步及控制，合理分配下行传输，保证不同类型业务的性能要求；上行更多的是短突发请求报文，存在网络内终端设备竞争接入问题。

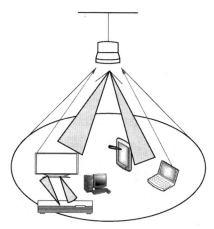

图 7-13　可见光组网应用示意图

由于光链路具有强定向性的特点，接入终端无法侦听到其他终端的上行数据，相互间互为定向隐藏终端。为克服上行接入冲突，终端的接入有竞争和中心控制两种方式。

采用竞争的接入方式，由于没有载波侦听的辅助，终端只能以一定的接入概率采用 ALOHA 的方式接入 AP，但该种接入方式的网络效率很低（最大为 37%）。采用角度分集的光学天线利用分布在不同方位的光锥可以实现多路不同位置上行数据的并行接收，从而极大提升网络的吞吐量。但该种光学天线的多分组接收能力除了受自身光锥数的限制之外，终端的位置分布还会对其产生极大的影响。假设网络内的活动节点数在 AP 的覆盖范围内均匀分布，且分布在同一光锥的投影区域内的活动节点将接入同一光锥，并假设各光锥的投影相接且无交叠。显然分布在同一光锥投影之内的终端同时发送数据时还是会发生冲突，网络吞吐量的增加并不能带来网络效率的提升。而若在网络中采用冲突避免多址接入（Multiple Access With Collision Avoidance，MACA）机制，利用短分组预约信道的形式减小冲突造成的开销，效率也仅能达到 45% 左右。

　　由 AP 对终端接入进行控制有利于减小竞争带来的信道浪费，具体地，有基于预约和基于轮询两种方式。基于预约的接入控制，可以将第一个接入时隙分成若干个小时隙，活动终端随机地选择一个小时隙预约接入 AP，然后由 AP 根据请求接入的业务动态地为成功接入的终端分配上行信道。经计算可得，当用于预约的小时隙个数恰好等于当前的活动终端数时，可以使网络效率达到最大约 87%。基于轮询接入控制是 AP 根据一定的规则依次与网络内的活动终端建立连接并交互数据。为了保证网络效率，AP 调度的方式克服终端冲突，根据周期内统计到的冲突概率估计更新周期内活动节点的数目，然后动态地调整预约时隙的数目，进而达到网络效率的上限。此外，还可以在预约时隙结合角度分集的光学天线提升网络的吞吐量。

　　本研究在以太网数据传输层（USB 数据传输层）下增加可见光接入层协议，其基本结构如图 7-14 所示。协议设计基于可见光通信物理层高速、低误帧率的特点，可以精简不必要的开销，如缩短帧间间隔、无帧确认等，但由于光链路脆弱性使得通信易受遮挡物或人员走动等影响，需要上下行的周期的交换控制信令验证链路的联结和恢复，并且由于光强定向性的特点，当光链路发生中断时，只能通过快速发现和快速重新建立联机处理，无法通过切换到其他形态的链路解决。

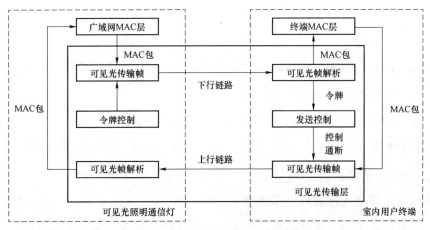

图 7-14　可见光接入层（传输以太网协议为例）

项目组设计的可见光传输层主要用于实现动态令牌控制协议。对上层提供透明传输服务。令牌控制流程主要分邀请接入段和传输段，两者循环进行。

灯上邀请接入段流程如图 7-15 所示。

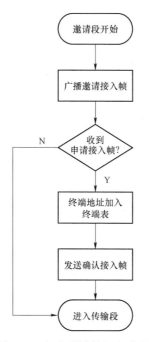

图 7-15　灯上邀请接入段流程

灯上广播邀请接入帧后等待一段时间，收到有效的申请接入帧，则将申请接入的终端地址加入地址表，并发送确认。然后进入传输段。

灯上传输段流程如图 7-16 所示。

在传输段，灯依次向已接入的每个终端发送令牌，如果在一定时间内没有收到数据包或占位包，则认为该终端已掉线（可重试几轮，为清晰起见，流程图中不再标出）。

设备申请接入段流程如图 7-17 所示。

设备端在未接入前按照申请接入段流程工作，接入后按传输段流程。

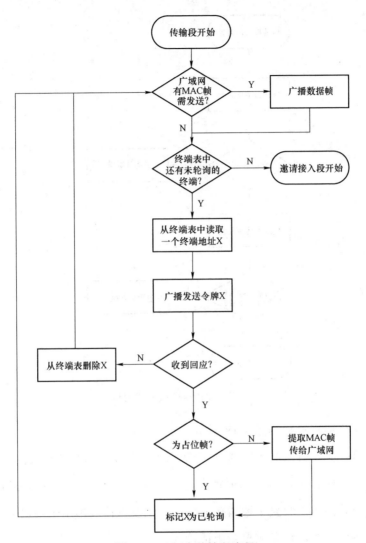

图 7-16 4 灯上传输段流程

当多个终端同时申请接入时，申请接入帧可能冲突，此时灯上无法接收到正确的申请接入帧，因此不会回应或者回应的地址错误。此时，终端随机退避等待接收到若干轮邀请接入帧后再发送接入申请。退避赋值使用指数退避算法，可以有效避免发送申请冲突。

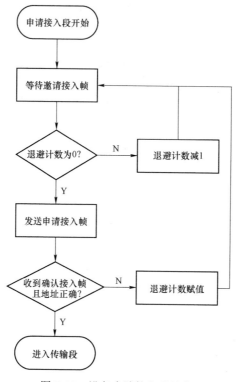

图 7-17　设备申请接入段流程

设备端传输段流程如图 7-18 所示。

设备接收到令牌后必须发送 1 个数据帧，如果无数据需要发送，则必须发送一个占位帧。考虑到发送的帧有可能丢失，设备有可能被动掉线，如果没有收到令牌而两次收到了邀请接入帧（通过设置掉线指示来判决），证明灯认为本设备已掉线，设备应重新申请接入。

本研究采用动态令牌环接入流程，并进行适当改进。目的是使用易于工程实现的方法实现了可靠的用户接入和退出过程，实现了可见光接入网络的动态变更。且该控制机制对上层协议透明，可以兼容现有以太网环境和 USB 传输协议，实现可见光双向动态传输链路。

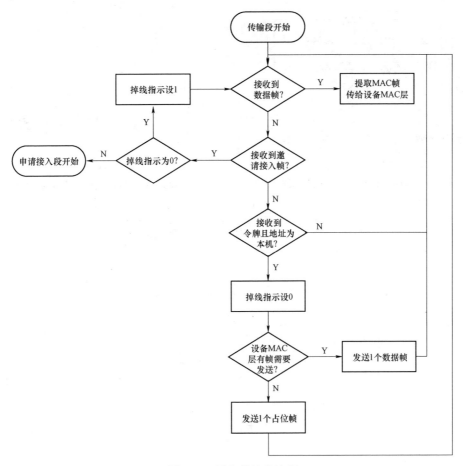

图 7-18　设备传输段流程

7.4　高速可见光通信模拟前端设计

本研究提出一种联桥 T 型幅度均衡器,该均衡器适用于高速可见光通信
系统。采用预均衡电路、商用的蓝光 LED 和 APD 光探测器,该系统可用调
制带宽可以达到 200 Mb/s。此设计使用 T 型幅度均衡器结构,其原理如图 7-19
所示。其中,在系统中使用的定阻对称 T 型幅度均衡器的等效原理如图 7-20
所示。其中,两组 RLC 构成可变阻抗,用于进行信号均衡,均衡仿真对比结
果如图 7-21 所示。

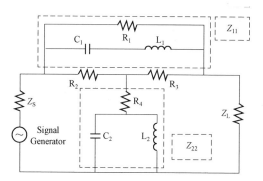

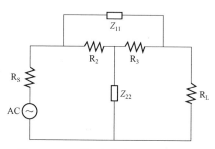

图 7-19　T 型幅度均衡器原理图　　　　图 7-20　T 型幅度均衡器等效原理图

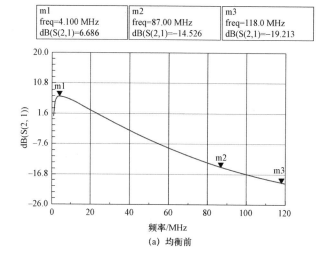

(a) 均衡前

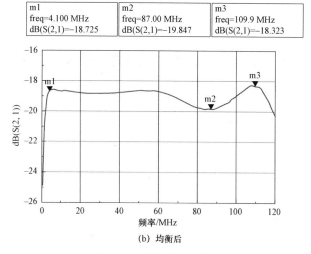

(b) 均衡后

图 7-21　均衡仿真对比

测试结果如图 7-22 所示。

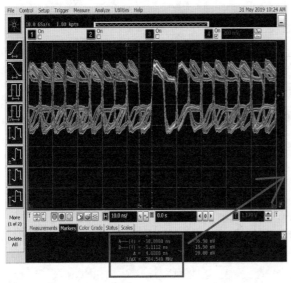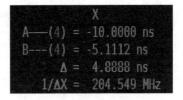

图 7-22　测试结果

7.4.1　可见光通信前端电路总体结构

在可见光通信系统中，LED 的窄带调制特性以及传输信道的不平坦，导致调制带宽有限，难以实现高速通信[46]。虽然本研究引入了 OFDM 等调制方式，可以从信号层面拓展传输带宽。但是，要想实现信道通信容量的根本提升，除了在 LED 半导体结构和材料技术方面进行研究外，还可以通过设计预均衡电路实现对 LED 和信道的频率响应进行补偿来提高整体的调制带宽。在接收端，相应地要设计后均衡电路进行波形还原。根据上述原理，本研究设计的可见光通信系统的驱动电路结构如图 7-23 所示。

7.4.2　可见光通信发送前端电路设计

为了获得能够提供更高速率的前端电路，本研究使用了北京大学所研制改进的波长为485 nm 的蓝色LED 高速灯珠。这种灯珠额定工作电流为100 mA

（电压 4 V 左右），在不使用任何均衡电路的情况下，其有效 3 dB 带宽可达到 220 MHz，如图 7-24 所示。

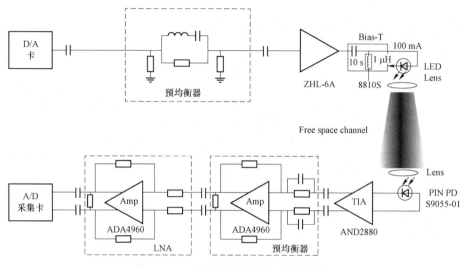

图 7-23　可见光通信前端电路整体框架

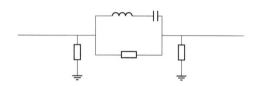

图 7-24　所用前级预均衡电路结构

　　电路均衡量的大小可以通过调整几个电阻的比值改变，在低频时，LC 组成的串联谐振电路相当于一个开路，这时，电路主要是由一个 π 型电阻网络组成，此时，输出端口的衰减量由这个 π 型电阻网络的阻值比决定，可适当调制阻值，使其低频形成较大的衰减量；电路工作在高频时，LC 串联电路相当于一个短路，在谐振频率点衰减值最小，因此，控制 LC 的值，使其谐振频率在 2 GHz 左右，可以使高频端衰减量尽量小，由此形成一条均衡曲线，如图 7-25 所示，若斜率不够，可以加并联枝节以改变曲线斜率。

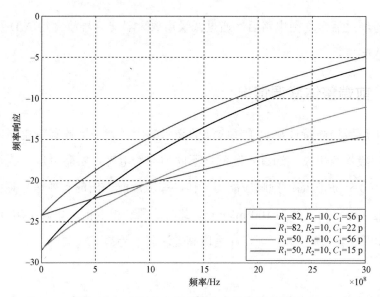

图 7-25　所用前级预均衡电路仿真特性曲线

7.4.3　可见光通信接收前端电路设计

接收端通过采用常规的 TIA（ADN2880）和差分放大器（ADA4960）组合电路结构来实现光信号的恢复。在二级放大电路部分，设计了有源后级均衡器，该均衡器的频率响应为

$$\|H_A(j\omega)\| = \frac{RF_1}{R_1}\sqrt{1+\omega^2 R_1^2 C_1^2} \tag{7-9}$$

从该公式可以看出，随着信号频率的上升，理论上说，该后级均衡器电路对信号的放大倍数也随之增大，如图 7-26 所示。

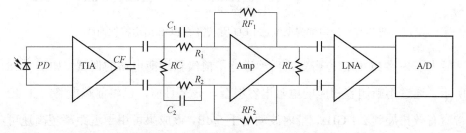

图 7-26　后级均衡的接收端电路结构

信号经过后级均衡电路后，通过低噪声放大器把信号放大到 A/D 模块要求的输入幅度。

7.4.4 前端整体联调情况

由于后级均衡特性决定了接收端的高频响应能力，因此前端电路的调试首先从后级均衡出发。通过不断尝试不同的补偿电容，实验发现，接收端在电容值为 0.5 pF 时的高频响应能力最佳，相应所能输出的有效信号频率达到 500 MHz（输出幅度约为 100 mVpp）。此时，所获得的前端电路 EOE 信道特性近似如图 7-27 所示，幅频特性呈现高频滚降的趋势。

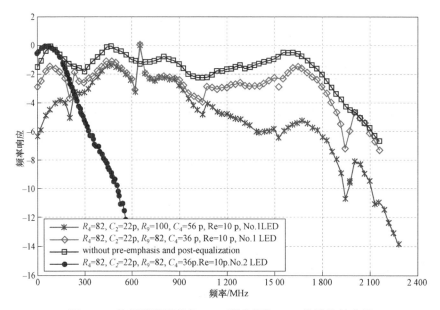

图 7-27 使用增强型蓝色 LED 所获得的 EOE 信道特性曲线

为了拓展 EOE 信道带宽，后续进行了前级预均衡电路的调试，如图 7-28 所示。通过不断调整相应的电阻电容组合，截至目前，已将前端电路的 3 dB 带宽有效拓展到 2.1 GHz，带内波动小于 5 dB，该成果可用于近距离超高速可见光通信。

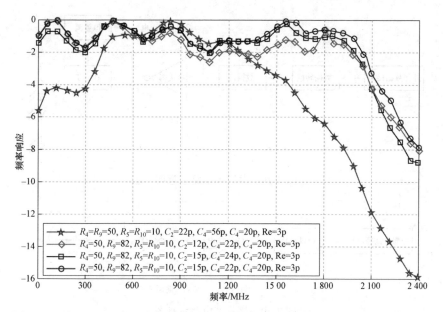

图 7-28　前、后两级均衡电路采用不同阻容参数时的前端电路 EOE 幅频特性曲线

7.5　可见光阵列通信实验系统研制与测试

基于上述研究内容，本研究设计研制了一套室内 LED 照明通信一体化灯具，提供符合国家标准的照明功能。使用可见光下行广播通信方式和红外上行通信方式实现双向可见光通信。照明通信 LED 灯作为中心接入点（AP）可对网络进行同步及控制，合理分配下行传输，保证不同类型业务的性能要求。对外提供以太网干线接口（百兆/千兆自适应）。

室内照明灯具或可见光接入设备的发送和接收的电路示意图如图 7-29 和图 7-30 所示。在发送端，信号经外部数据接口（RJ45 或 USB）接入电路，然后数据转换，将外部数据协议（以太网协议或 USB 协议）转换为光通信协议，然后变成数据流，经过带宽信号放大、直流偏置，最后驱动 LED 光源发光；在接收端，光信号通过 PD 转换为电信号，然后经过跨阻放大、限幅放大、协议解析，将光通信协议转换为千兆以太网协议，最后通过外部数据接口将数据传输出去。

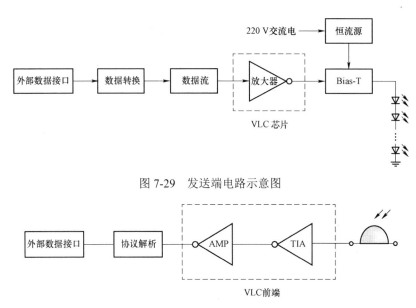

图 7-29　发送端电路示意图

图 7-30　接收端电路示意图

室内照明光源通信模块中主要包括可见光信号发送模块、红外信号接收模块、VLC 驱动电路和通信主控、协议转换模块以及电源模块，如图 7-31 所示。可见光信号发送模块的主要功能是将电信号转换为光信号，并进行发送；红外信号接收模块的主要功能是检测红外信号，并将红外信号转换为电信号；VLC 驱动电路和通信主控的主要功能是实现信号的放大、调制解调、编码解码等处理；协议转换模块的主要功能就是将光通信协议转换为千兆以太网传输协议；电源模块直接采用 220 V 供电。

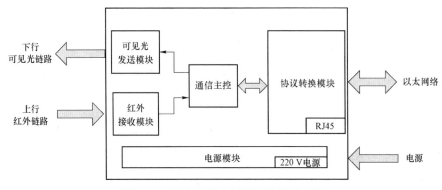

图 7-31　室内照明光源通信模块示意图

可见光接入设备主要包括可见光信号接收模块、红外信号发送模块、VLC
前端电路、协议转换模块以及电源模块，如图 7-32 所示。可见光信号接收模
块的主要功能是检测可见光信号，并将可见光信号转换为电信号；红外信号
发射模块的主要功能是将电信号转换为红外信号，并进行发送；VLC 前端电
路的主要功能是实现信号的放大、调制解调、编码解码等处理；协议转换模
块的主要功能就是将光通信协议转换为外部数据接口协议；电源模块可采用
USB 5 V 供电或外部供电。

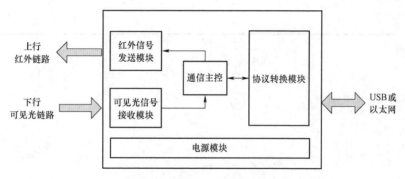

图 7-32　可见光接入设备示意图

我们基于本研究的上述各项技术，通过研制 LED 照明通信一体化灯具
（见图 7-33）和可见光移动接入终端（见图 7-34），搭建了一套可见光无线接
入验证系统（示意图如图 7-35 所示，场景图如图 7-36 所示），主要包括服务
器、室内照明网络、移动终端（连接可见光移动接入终端设备）以及非移动
式终端。该系统下行采用可见光通信，上行采用红外通信，实现网络接入和
室内终端的互连互通，安全、高速、便捷。

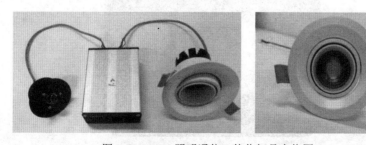

图 7-33　LED 照明通信一体化灯具实物图

(a) 插卡式　　　　　　　　　　　　　　　　(b) 插座式

图 7-34　可见光移动接入终端实物图

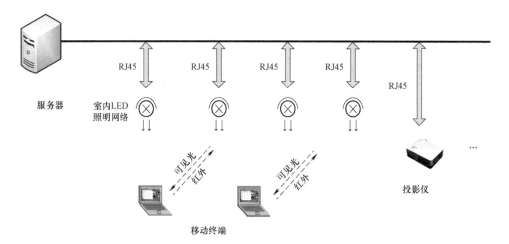

图 7-35　可见光无线接入验证系统示意图

图 7-36　可见光无线接入验证系统场景图

可见光无线接入验证系统的主要技术指标如下。

（1）通信方式：下行可见光通信，上行红外通信。

（2）终端形态：插卡式（机动）和插座式（固定）。

（3）数据接口：支持百兆/千兆以太网和 USB 接口。

（4）传输速率：$\geqslant 50$ Mb/s。

（5）误码率：10^{-9}。

（6）通信距离：> 1.8 m。

（7）视场范围：$\leqslant 45°$。

（8）定位精度：$\leqslant 1$ m。

该系统可以实现利用室内泛在的 LED 照明灯实现室内接入网络构建，为连接有可见光接收端的移动终端提供网络接入服务，系统具有安全性强、部署快速、绿色高速的优势，可以广泛应用于保密会议室、野战指挥所、人防或军事坑道、舰船内部组网、企业内网等场景中，具有良好的应用推广价值。

7.6　本章小结

本章综合运用本研究提出的各项技术，研制室内可见光高速阵列通信实验系统。设计了基于球形曲面分布和半球形透镜的宽视角光学系统；提出了基于动态令牌环的可见光多用户组网和控制技术；设计了基于与均衡和后均衡的高速可见光模拟前端电路；并对实现系统整体进行了工程设计和实现。实验表明，本研究设计的系统可以实现宽视角动态高速通信和室内精确定位，具有良好的推广应用价值。

第 8 章
总结与工作展望

8.1　总　结

本书针对室内可见光阵列高速通信关键技术，围绕室内可见光信道容量、LED 阵列布局优化、OFDM 峰均比降低设计、可调光调制方式设计以及室内可见光融合定位方法展开了研究，并设计了室内可见光通信实验系统。具体研究内容及结论包括如下六方面。

第一，针对室内可见光信道的考虑照明约束的条件下，其容量上下限的闭合表达式进行研究。首先，针对点对点信道，考虑不同峰均比的三种情况，推导了一个通用的上下限近似公式。其次，考虑到照明和通信一体化系统的要求，可见光通信信号受到峰值和平均光强的约束；在考虑照明约束的条件下，使用变分法等方法推导了容量下限和上限的闭合表达式。最后，通过数值仿真验证了本研究给出的上下限具有较好的紧性。

第二，针对室内大规模可见光阵列通信多用户信噪比优化问题，提出一种室内阵列可见光通信多用户信噪比优化算法。该方法使用改进的遗传算法，不同于一般的使用基于随机的基因交叉和变异方法，提出了基于基因物理意义的最大信噪比贡献基因保留交叉和最小信噪比贡献基因消除变异方法来使种群基因向更有利的方向变异。并根据基因贡献，提出了启发式基因初始化方法，来获得更好的初始种群。提出两个新的参数——保留因子和消除因子，增加了算法的可控性。仿真结果表明，本研究提出的优化算法具有更快的收敛速度，且可以获得更好的信噪比优化结果。收敛速度的加快将有利于遗传算法类优化方法在室内可见光通信领域的应用。

第三，针对 OFDM 高峰均比问题，提出了一种用于分层非对称限幅光正交频分复用（LACO-OFDM）的峰均比（PAPR）降低方法，该方法通过叠加一个经过设计的周期信号来产生叠加 LACO-OFDM（SLACO-OFDM）信号。该方法通过将每个 LACO-OFDM 符号的序列分成若干组，并根据每组中的最大值与整个符号的最大值之间的差值来设计周期信号的幅度。选择周期信号的周期以确保其 FFT 结果落在 LACO-OFDM 信号未使用的子载波上。因此，在叠加之后，SLACO-OFDM 信号的峰均功率比得到改善，但是不引入任何额外干扰。提出的 SLACO-OFDM 信号可以由标准 LACO-OFDM 接收机使用典型的连续干扰消除方法进行直接处理。仿真结果表明，该方案比基于原始和离散 Hartley 变换的 LACO-OFDM 信号具有更好的降低峰均比性能。

第四，针对室内可见光照明约束需求和调光要求，为了实现可见光通信的调光控制和数据通信相结合，基于本研究提出的 SLACO-OFDM 提出了一种新型 HSLACO-OFDM 信号。通过将 LACO-OFDM 和 NLACO-OFDM 信号相结合，充分利用了 LED 整个动态范围，其中两个信号的比例可调，以达到所需的亮度。解调类似于先前的 LACO-OFDM。由于 HSLACO-OFDM 具有较高的功率效率，因此可以获得较宽的光照亮度可调范围和相对稳定的最高速率。此外，仿真结果表明，该方案在频谱利用率上也比其他常用 OFDM 方案高。

第五，针对可见光室内 RSS、TDOA 等定位方法单独使用性能受限的问题，研究了准同步可见光通信点定位系统中基于 LED 光强度和到达时间的定位方法。所考虑的系统包括发光二极管（发射已知可见光信号）和接收器（根据来自发光二极管发射器的信号进行自我定位）。首先，推导了相应位置估计问题的 CRLB 表达式。其次，考虑了基于最大似然的位置估计方法。利用最大似然估计的渐近性质，提出了一种计算效率高的强度和到达时间联合定位方法。最后，提出了一种基于强度差分检测的光强估计算法，该算法使用一个基准接收器，可以解决 LED 光强波动引起的定位不稳定问题，该算法有效地解决了 LED 照明波动引起的估计误差。与到达时间联合运用，可以实现更高精度的定位。实验结果表明，本研究提出的联合定位方法获得的精度和稳定度优于单独使用 RSS 和 TDOA 定位方法的结果。

第六，针对可见光室内通信系统工程化设计中的若干问题，综合运用本研究提出的各项技术，设计研制了室内可见光高速阵列通信实验系统。设计了基于球形曲面分布和半球形透镜的宽视角光学系统；提出了基于动态令牌环的可见光多用户组网和控制技术；设计了基于与均衡和后均衡的高速可见光模拟前端电路；并对实现系统整体进行了工程设计和实现。实验表明，本研究设计的系统可以实现宽视角动态高速通信和室内精确定位，具有良好的推广应用价值。

8.2　工作展望

由于笔者的水平与精力有限，本研究尚有一些不足，需要在以后的工作中进一步完善，包括以下六个方面。

第一，本研究给出了考虑照明约束条件下的可见光室内信道容量的闭合表达式，本研究的验证方法主要是仿真模型验证，下一步，需构建实验系统，验证信道容量。此外，基于信道容量表达式，以系统性能为优化目标，指导实际系统的设计，也是下一步研究的重要方向。

第二，本研究所提的遗传算法优化 LED 阵列的方式，对可见光接收终端的动态性具有一定的约束，主要适用于移动终端基本静止或者慢速移动的情况。如果考虑终端随机游走等场景时，本研究所给出的方法只能进行平均情况的优化，无法实时针对每一个移动终端布局的最优值。下一步可以考虑使用迭代算法，跟踪终端运动，进行递推优化。

第三，本研究所提出的 LACO-OFDM 调制方式在叠加层数少时，由于调整间隔较多，其 PAPR 调整效果较好；当叠加层数比较多时，由于调整间隔减少，PAPR 抑制能力下降。下一步应研究与其他降低 PAPR 方法联合使用的方式。

第四，本研究所提出的可调光 HSLACO-OFDM 方式的通信性能与信号层数有关，其最佳信号层数受噪声功率、调光水平以及计算复杂性的约束，应当进行综合优化设计。下一步应当继续研究其最优化方法。

第五，本研究所提出的基于阵列光强差和到达时差联合计算的可见光室内定位方法混合了 RSS 和 TDOA 两种定位方法，本研究仅着重探讨了单模式时的 CRLB。由于两种方法混合时的 CRLB 推导较为复杂，因此下一步需继续研究。

第六，本研究提出的可见光模拟前端带宽拓展可将 LED 带宽拓展至 100 MHz～2.3 GHz，但是此时通信距离较近，综合各种工程因素，实际实验系统在 5 m 左右距离通信速率为 50～100 Mb/s，距离带宽拓展值还有较大差距，下一步还有较大改进的空间。

参考文献

［1］ Komine T, Nakagawa M. Fundamental analysis for visible-light communication system using LED lights [J]. IEEE Transactions on Consumer Electronics, 2004, 50 (1): 100-107.

［2］ Nobuhiro F, Mochizuki H. 477 Mbit/s visible light transmission based on OOK-NRZ modulation using a single commercially available visible LED and a practical LED driver with a pre-emphasis circuit [C]. Proceedings of IEEE Optical Fiber Communication Conference and Exposition and the National Fiber Optic Engineers Conference, California, 2013:1-3.

［3］ Sung J Y, Yeh C H, Chow C W, et al. Orthogonal frequency-division multiplexing access (OFDMA) based wireless visible light communication (VLC) system [J]. Optics Communications, 2015, 25 (5): 261-268.

［4］ Mostafa A, Lampe L. Pattern synthesis of massive LED arrays for secure visible light communication links [C]. Proceedings of IEEE International Conference on Communication Workshop, London, 2015:1350-1355.

［5］ Xu K, Yu H, Zhu Y. Channel-adapted spatial modulation for massive MIMO visible light communications [J]. IEEE Photonics Technology Letters, 2016, 28 (23): 2693-2696.

［6］ Sharma R, Kumari A C, Aggarwal M, et al. Improved RMS Delay and optimal system design of LED based indoor mobile visible light communication system [J]. Physical Communication, 2018, 28 (3): 89-96.

［7］ Wang Z, Zhong W. Performance of dimming control scheme in visible light communication system [J]. Optics Express, 2012, 20 (17): 18861-18868.

［8］ Kumar S, Singh P. Filter bank multicarrier modulation schemes for visible light communication [J]. Wireless personal communications, 2020, 113 (4): 2709-2722.

［9］ Halder A, Barman A D. Improved performance of colour shift keying using voronoi segmentation for indoor communication [J]. Optical & Quantum Electronics, 2015, 47 (6): 1407-1413.

［10］ He C, Cao A, Xiao L, et al. Enhanced DCT-OFDM system with index modulation [J]. IEEE Transactions on Vehicular Technology, 2019, 68 (5): 5134-5138.

［11］ Liu X, Li J, Ren Y, et al. Iterative pairwise maximum likelihood receiver for ACO-OFDM in visible light communications [J]. IEEE Photonics Journal, 2021, 13 (2): 1-7.

［12］ Chen H, Guan W, Li S, et al. Indoor high precision three-dimensional positioning system based on visible light communication using modified genetic algorithm [J]. Optics Communications, 2018, 413:103-120.

［13］ 肖佳琳. 高精度室内可见光定位与跟踪 [D]. 大连:大连海事大学, 2020.

［14］ Kumar S, Singh P. A comprehensive survey of visible light communication: potential and challenges [J]. Wireless Personal Communications, 2019, 109 (2): 1357-1375.

［15］ Ahn K I, Kwon J K. Capacity analysis of M-PAM inverse source coding in visible light communication [J]. Journal of Lightwave Technol, 2012, 30 (10): 1399-1404.

［16］ Wang J, Hu Q, Wang J, et al. Capacity analysis for dimmable visible light communications [C]. Proceedings of IEEE International Conference on Communications, Sydney, 2014:3337-3341.

［17］ Wang J, Hu Q, Wang J, et al. Tight bound on channel capacity for dimmable visible light communications [J]. Journal of Lightwave Technol, 2013, 31 (23): 3771-3779.

[18] Moser S M. Capacity results of an optical intensity channel with input-dependent Gaussian noise [J]. IEEE Transactions on Information Theory, 2012, 58 (1): 207-223.

[19] Soltani M. Optical wiretap channel with input-dependent Gaussian noise under peak-and average-intensity constraints [J]. IEEE Transactions on Information Theory, 2018, 64 (10): 6878-6893.

[20] Ma S, Li H, He Y, et al. Capacity bounds and interference management for interference channel in visible light communication networks [J]. IEEE Transactions on Wireless Communications, 2019, 18 (1): 182-193.

[21] Ding J, Huang Z, Ji Y. Evolutionary algorithm based power coverage optimization for visible light communications [J]. IEEE Communications Letters, 2012, 16 (4): 439-441.

[22] Noshad M, Brandt-Pearce M I E. Application of expurgated PPM to indoor visible light communications-Part I:single-user systems [J]. Journal of Lightwave Technology, 2014, 32 (5): 875-882.

[23] Wang L, Wang C, Chi X, et al. Optimizing SNR for indoor visible light communication via selecting communicating LEDs [J]. Optics Communications, 2017, 387:174-181.

[24] Liu H, Wang X, Chen Y, et al. Optimization lighting layout based on gene density improved genetic algorithm for indoor visible light communications [J]. Optics Communications, 2017, 390 (1): 76-81.

[25] Lian J, Noshad M, Brandt-Pearce M I E. Comparison of optical OFDM and M-PAM for LED-based communication systems [J]. IEEE Communications Letters, 2019, 23 (3): 430-433.

[26] Zhang X, Wang Q, Zhang R, et al. Performance analysis of layered

ACO-OFDM [J]. IEEE Access, 2017, 5:18366-18381.

［27］ Hu W. PAPR reduction in DCO-OFDM visible light communication systems using optimized odd and even sequences combination [J]. IEEE Photonics Journal, 2019, 11 (1): 1-15.

［28］ Mestdagh D J G, Monsalve J L G, Brossier J M. Green OFDM:a new selected mapping method for OFDM PAPR reduction [J]. Electronics Letters, 2018, 54 (7): 449-450.

［29］ Lu H, Hong Y, Chen L, et al. On the study of the relation between linear/nonlinear PAPR reduction and transmission performance for OFDM-based VLC systems [J]. Optics Express, 2018, 26 (11): 13891-13901.

［30］ Sun Y, Yang F, Gao J. Novel dimmable visible light communication approach based on hybrid LACO-OFDM [J]. Journal of Lightwave Technol, 2018:1.

［31］ Wang T Q, Li H, Huang X. Analysis and mitigation of clipping noise in layered ACO-OFDM based visible light communication systems [J]. IEEE Transactions on Communications, 2018, 67 (1): 564-577.

［32］ Zhou J, Wang Q, Cheng Q, et al. Low-PAPR layered/enhanced ACO-SCFDM for optical-wireless communications [J]. IEEE Photonics Technology Letters, 2018, 30 (2): 165-168.

［33］ Zhang T, Zou Y, Sun J, et al. Improved companding transform for PAPR reduction in ACO-OFDM-based VLC systems [J]. IEEE Communications Letters, 2018, 22 (6): 1180-1183.

［34］ Zhang T, Zhou J, Zhang Z, et al. A performance improvement and cost-efficient ACO-OFDM scheme for visible light communications [J]. Optics Communications, 2017, 402:199-205.

［35］ Wang Q, Wang Z, Dai L, et al. Dimmable visible light communications based on multi-layer ACO-OFDM [J]. IEEE Photonics Journal, 2016, 8 (4):

1-11.

［36］ Wang T Q, Sekercioglu Y A, Neild A, et al. Position accuracy of time-of-arrival based ranging using visible light with application in indoor localization systems [J]. Journal of Lightwave Technology, 2013, 31 (20): 3302-3308.

［37］ Keskin M F, Gonendik E, Gezici S. Improved lower bounds for ranging in synchronous visible light positioning systems [J]. Journal of Lightwave Technology, 2016, 34 (23): 5496-5504.

［38］ Keskin M F, Gezici S, Arikan O. Direct and two-step positioning in visible light systems [J]. IEEE Transactions on Communications, 2018, 66 (1): 239-254.

［39］ Jung S Y, Hann S, Park C S. TDOA-based optical wireless indoor localization using LED ceiling lamps [J]. IEEE Transactions on Consumer Electronics, 2011, 57 (4): 1592-1597.

［40］ Naeem A, Hassan N U, Pasha M A, et al. Performance analysis of TDOA-based indoor positioning systems using visible LED lights [C]. Proceedings of IEEE International Symposium on Wireless Systems within the International Conferences on Intelligent Data Acquisition and Advanced Computing Systems, Chennai, 2018:103-107.

［41］ Du P, Zhang S, Chen C, et al. Demonstration of a low-complexity indoor visible light positioning system using an enhanced TDOA scheme [J]. IEEE Photonics Journal, 2018, 10 (4): 1-10.

［42］ Ghannouchi F M, Wang D, Tiwari S. Accurate wireless indoor position estimation by using hybrid TDOA/RSS algorithm [C]. Proceedings of IEEE International Conference on Vehicular Electronics and Safety, Istanbul, 2012:437-441.

［43］ 苏云霞, 吴雅婷, 张雪凡. LED 可见光通信的抗干扰及其工程实现 [J]. 应

用科学学报，2018，36（3）：451-460.

［44］Zheng H, Chen J, Yu C, et al. Inverse design of LED arrangement for visible light communication systems [J]. Optics Communications, 2017, 382: 615-623.

［45］Rothlauf F. Representations for genetic and evolutionary algorithms [M]. Berlin:Springer Berlin Heidelberg, 2006.

［46］夏中金，凌六一，黄家伟，等. 可见光通信 LED 高速驱动电路研究与设计［J］. 光通信技术，2019，43（2）：22-26.